普通高等教育"十三五"规划教材

程序设计基础教程（第二版）

主　编　丁亚涛　胡继礼

副主编　王世好　金　力　殷云霞

中国水利水电出版社

www.waterpub.com.cn

·北京·

内 容 提 要

　　本书根据全国计算机二级 Visual Basic 程序设计课程教学及考试大纲，结合作者多年教学实践与研发经验，并考虑到读者的反馈信息，作了重新编写。全书共 11 章，主要内容包括 Visual Basic 概述，Visual Basic 语言基础，Visual Basic 语言进阶，窗体和常用控件，应用界面设计，过程，数据库应用，图形、文本和多媒体应用，鼠标、键盘和 OLE 控件，文件，高级 Office 应用。

　　本书采用"案例驱动"的编写方式，以程序设计为中心，语法介绍精炼，内容叙述深入浅出、循序渐进，程序案例生动易懂，具有很好的启发性。每章均配备精心设计的习题。另外，本书配有题库及软件测试系统，可供平时练习和课程测试之用。

　　本书既可以作为本专科院校 Visual Basic 语言程序设计课程的教材，又可以作为自学者的参考用书，同时还可供各类考试人员复习参考。

　　本书配有电子教案，读者可以从中国水利水电出版社网站和万水书苑免费下载，网址为：http://www.waterpub.com.cn/softdown/和 http://www.wsbookshow.com。

图书在版编目（ＣＩＰ）数据

程序设计基础教程 / 丁亚涛，胡继礼主编. -- 2版
. -- 北京：中国水利水电出版社，2018.8（2019.7 重印）
普通高等教育"十三五"规划教材
ISBN 978-7-5170-6698-9

Ⅰ. ①程… Ⅱ. ①丁… ②胡… Ⅲ. ①程序设计－高
等学校－教材 Ⅳ. ①TP311.1

中国版本图书馆CIP数据核字(2018)第173267号

策划编辑：崔新勃　　　责任编辑：高　辉　　　封面设计：李　佳

书　　名	普通高等教育"十三五"规划教材 程序设计基础教程（第二版） CHENGXU SHEJI JICHU JIAOCHENG
作　　者	主　编　丁亚涛　胡继礼 副主编　王世好　金　力　殷云霞
出版发行	中国水利水电出版社 （北京市海淀区玉渊潭南路 1 号 D 座　100038） 网址：www.waterpub.com.cn E-mail：mchannel@263.net（万水） 　　　　sales@waterpub.com.cn 电话：(010) 68367658（营销中心）、82562819（万水）
经　　售	全国各地新华书店和相关出版物销售网点
排　　版	北京万水电子信息有限公司
印　　刷	三河市铭浩彩色印装有限公司
规　　格	184mm×260mm　16 开本　16.5 印张　414 千字
版　　次	2015 年 7 月第 1 版　2015 年 7 月第 1 次印刷 2018 年 8 月第 2 版　2019 年 7 月第 2 次印刷
印　　数	3001—7000 册
定　　价	38.00 元

第二版前言

教材第一版出版后深受广大读者欢迎，本次结合读者的反馈信息对书中部分内容进行了修订。

教材仍然保持第一版的风格和特色，具体如下：

（1）重视讲解基本语法。本书不求深度，但求实用。书中很多案例都是经典实用的例子。"经典的就是最好的。"虽然这句话有点过激，但却是很有道理的。关于数据库及高级 Office 应用方面本书只是揭开冰山一角，犹抱琵琶半遮面。

（2）突出重点，文叙简练。重要的知识点都重点介绍，并且不回避难点，但强调"化难为易"，把难重点的掌握过程通过恰当的案例、注释和说明变成自然学习的过程，从而减少对程序语言的畏难情绪，让读者感觉 Visual Basic 并不难学。

（3）升级了配套练习题库及软件。作为教材，好书不少，但面向考试和快速入门，还没有实实在在的配套软件和可以练习评分的题库系统。理论固然重要，但理论和实践的紧密结合更加重要，对于编程语言的学习必须创造一个"学习－评价－再学习－再评价"的环境，而练习考试系统具备这样的功能。

教材配套的软件系统已经经历了多年考验，题库不断更新，软件功能不断增强。目前该考试系统在同类考试平台中优势明显，软件几乎涵盖了命题、考试、考务、数据分析等一整套技术，系统部署简单实用，上手快、效率高、稳定性强。本次改版升级的软件系统同时具备其他课程的通用能力，具体请参考网站 www.yataoo.com。

本书由丁亚涛、胡继礼任主编，王世好、金力、殷云霞任副主编。另外参加本书部分编写工作的还有阚峻岭、束建华、俞磊、朱薇、马春、李芳芳、蔡莉、谷宗运、谭红春、孙大勇等。在本书策划和出版过程中，作者得到很多从事教学工作的同仁的关心和帮助，他们对本书提出了很多宝贵的建议；中国水利水电出版社万水分社的领导和编辑对本书的编写和出版给予了大力支持和统筹策划，在此表示感谢。

本书所配电子教案及相关教学资源可以从中国水利水电出版社网站下载，网址为 http://www.waterpub.com.cn。使用本书的学校也可以与作者联系（yataoo@126.com 或 yataoo@yataoo.com），索取更多相关教学资源。

由于编者水平有限，书中不足之处在所难免，敬请广大读者批评指正。

编　者

2018 年 6 月

第一版前言

计算机技术的高速发展给高等教育的计算机教学带来了诸多挑战，作为主要的教学资料——教材如何编写是所有教材编者面临的最大困难。快餐式的教材显然不可取，大而全的教材必然浪费很多读者的时间，因此教材的编写只能从实用入手。

Visual Basic 程序设计的教材很多，这本新编的教材有何特色能与之共舞？

简单总结如下，供读者参考：

1．配套练习题库及软件

作为教材，好书不少，但作为面向考试和快速入门，还没有实实在在的配套软件和可以练习评分的题库系统。理论固然重要，但理论和实践的紧密结合更加重要，对于编程语言的学习必须创造一个"学习－评价－再学习－再评价"的环境，而练习考试系统具备这样的功能。

2．讲解基本语法

本书不求深度，但求实用。书中很多案例都是经典实用的例子。"经典的就是最好的"，虽然这句话有点过激，但却是很有道理的。关于数据库及高级 Office 应用方面本书只是揭开冰山一角，犹抱琵琶半遮面。

3．重点自然突出

重要的知识点都重点介绍，并不回避难点，但强调"化难为易"，把难、重点的掌握过程通过恰当的案例、注释和说明变成自然学习的过程，从而减少对程序语言的畏难情绪，让读者感觉 Visual Basic 并不难学。

本书由丁亚涛、杜春敏主编，王世好、金力、殷云霞任副主编。参加本书编写工作的还有胡继礼、束建华、俞磊、朱薇、李芳芳、蔡莉、谷宗运等。在全书的策划和出版过程中，一直得到许多从事教学工作的同仁的关心和帮助，他们对本书提出了很多宝贵的建议。中国水利水电出版社万水分社的领导和编辑，特别是雷顺加总编辑对本书的编写和出版给予了大力支持和统筹策划，在此表示感谢。

本书所配电子教案及相关教学资源可以从中国水利水电出版社网站下载，网址为：http://www.waterpub.com.cn。使用本书的学校也可以与作者联系（yataoo@126.com 或 yataoo@yataoo.com），索取更多相关教学资源。

由于编者水平有限，书中不足之处在所难免，敬请广大读者批评指正。

编　者
2015 年 5 月

目　　录

1

Visual Basic 概述

学习目标：

- 了解 Visual Basic 6.0 程序设计语言的特点以及启动与退出。
- 掌握 Visual Basic 6.0 集成开发环境，并学会编写、调试简单程序。
- 熟悉面向对象程序设计的基本概念，了解面向对象的编程机制。

1.1 关于 Visual Basic

Visual Basic 是美国微软公司推出的一种面向对象的可视化程序设计语言，是用于 Windows 环境下的应用程序开发系统。使用 Visual Basic 可以既简单又快捷地开发 Windows 环境下的应用软件。

本教材是面向编程初学者的 Visual Basic 入门教程。本章主要介绍 Visual Basic 的特点、集成开发环境以及面向对象的基本概念。

1.1.1 Visual Basic 的发展过程

自从 Windows 操作系统问世以来，以其友好的图形用户界面、简单易学的操作方法和卓越的性能，受到广大计算机用户的喜爱，因此 20 世纪 90 年代开发在 Windows 环境下的应用软件成为主流。

1991 年美国微软公司推出了 Visual Basic 1.0，是当时开发 Windows 应用程序最强有力的工具。BASIC（Beginners All-purpose Symbolic Instruction Code，初学者通用符号代码）是一种计算机高级编程语言；Visual Basic 中的 Visual 意为"可视化的"，在这里是指一种开发图形用户界面（GUI）的方法。在 VB 中引入了窗体和对象的概念，窗体和每个控件都由若干个属性来控制其外观形状和工作方法，使用了 BASIC 语言编程。所以 Visual Basic 是一种基于 BASIC 的可视化的程序设计语言，一方面继承了 BASIC 程序设计语言简单易用的特点，另一方面采用了面向对象、事件驱动的编程机制，用一种巧妙的方法把 Windows 的编程复杂性封装起来，提供了一种所见即所得的可视化程序设计方法，为开发 Windows 应用程序提供了强有力的开发环境和工具。随着 Windows 操作系统的不断发展，VB 版本也不断升级。自 Visual Basic 1.0 之后，相继推出多个版本，1998 年微软公司推出了 Visual Basic 6.0，2002 年发布了 VB.NET，以后又发布了 VB.NET 2003、VB.NET 2005、VB.NET 2008。2010 年 VB.NET 2010 伴随 Visual Studio 2010 发布，不再提供单独的 Visual Basic .NET IDE。

目前，很多常用的应用软件都内嵌了 VBA（Visual Basic 的一个子集）作为二次开发工具，如 Office、AutoCAD 等。VBScript（Visual Basic 的另一个子集）是广泛使用的脚本语言，被广泛应用于 Web 程序的开发编写中，使用 VBScript 再结合 HTML 代码可以快速完成 Web 应用程序的开发。同样，Visual Basic 对数值计算、数据库应用、图形图像处理、多媒体和通信技术等都具备了强大的开发应用功能，能满足各行各业应用软件开发的需求。

本书主要介绍中文版 Visual Basic 6.0（以下简称 VB）的基本功能和使用方法。

1.1.2　VB 的特点

VB 是从 BASIC 语言发展而来的，对于开发 Windows 应用程序而言，VB 是最简单易用的编程语言，具有以下编程优势和特点。

1.　面向对象的可视化程序设计

传统的程序设计方法都是通过编写程序代码来设计程序的界面（如界面元素的外观、位置等），在设计过程中看不到应用程序界面的实际效果。面向对象的程序设计（OOP）是伴随 Windows 图形界面的诞生而产生的一种新的程序设计思想，与传统程序设计有着较大的区别，VB 采用了面向对象的程序设计方法，把程序和数据"封装"成为一个"对象"，每个对象都是可见的，开发者利用系统提供的大量可视化控件，可以方便地以可视化方式直接绘制用户图形界面中不同类型的对象，如文本框、命令按钮等，并为每个对象赋予相应的属性，从而克服了传统编程模式中用大量代码去描述界面元素的外观和位置的弊端。

采用 VB 开发程序，就像搭积木盖房子一样，系统提供的可视化控件如同盖房子需要的钢筋、水泥、砖瓦等原材料，通过不同控件的组合，可方便地构造出所需的应用程序。

2.　事件驱动的编程机制

VB 采用了事件驱动的编程机制。在 VB 中，对象与程序代码通过事件及事件过程来联系，对象的活跃性则通过它对事件的敏感性来体现。一个对象（控件）往往可以产生多个不同类型的事件，每个事件都可以通过一段程序（事件过程）来响应，完成对象的操作。例如命令按钮是编程常用的一个对象，若用鼠标在它上面单击一下，便会在该对象上产生一个鼠标单击（Click）事件，与此同时，VB 系统将自动调用执行命令按钮对象的 Click 事件过程，从而实现指定的操作和达到运算、处理的目的。若用户未触发任何事件，则系统将处于等待状态。

3.　高度的可扩充性

VB 是一种具有高度可扩充性的语言，除自身强大的功能外，还为用户扩充其功能提供了多种途径，主要体现在以下 3 个方面：

（1）支持访问动态链接库（Dynamic Link Library，DLL）：VB 在对硬件的控制和低级操作等方面功能较弱，为此，VB 提供了访问动态链接库的功能。可以利用其他语言，如 Visual C++语言，将需要实现的功能编译成动态链接库（DLL），然后提供给 VB 调用。

（2）支持访问应用程序接口（Application Program Interface，API）：应用程序接口是 Windows 环境中可供任何 Windows 应用程序访问和调用的一组函数集合。在微软的 Windows 操作系统中，包含了 1000 多个功能强大、经过严格测试的 API 函数，供程序开发人员编程时直接调用。VB 提供了访问和调用这些 API 函数的能力，充分利用这些 API 函数，可大大增强 VB 的编程能力，并可实现一些用 VB 语言本身不能实现的特殊功能。

（3）支持第三方软件商为其开发的可视化控制对象：VB 除自带许多功能强大、实用的可视化控件以外，还支持第三方软件商为扩充其功能而开发的可视化控件，这些可视化控件对应的文件扩展名为 OCX。只要拥有控件的 OCX 文件，就可将其附加到 VB 系统中，从而大大增强 VB 的编程实力。

4. 支持大型数据库的连接与存取操作

VB 提供了强大的数据库管理和存取操作的能力，利用数据控件可以访问任何遵从 ODBC（Open DataBase Connectivity，开放数据库互连）的数据库。VB 中新增加了功能强大的 ADO（ActiveX Database Object）控件，利用它可轻松开发出各种大型的客户/服务器应用程序。

另外，VB 还支持动态数据交换、对象的链接与嵌入等新型的编程技术。

5. 友好的集成开发环境

VB 提供了易学易用的应用程序集成开发环境，利用该开发环境用户可以完成设计应用程序的图形界面、编写代码和运行、调试、编译程序。

1.1.3　VB 的启动与退出

Visual Basic 6.0 系统程序在发布时是经过压缩存储在光盘上的，使用前必须先将这些系统文件解压复制到硬盘上，这一过程通常称之为安装，其具体的解压和复制工作由系统提供的相应安装程序（一般为 Setup.exe）完成。

1. VB 的运行环境

Visual Basic 6.0 是一个 32 位的应用程序开发工具，其运行环境必须是 Microsoft Windows 95/98 或更高版本的 Windows 操作系统。硬件要求 Pentium 或更高的处理器，或任何运行于 Microsoft Windows NT Workstation 的 Alpha 处理器。企业版的安装需要 140MB 的硬盘空间，其帮助系统约需 67MB 的硬盘空间。

2. VB 的启动

使用 Visual Basic 之前首先要运行 Visual Basic 的安装程序，系统将会在指定的硬盘上为 Visual Basic 创建安装目录。安装时运行安装程序 Setup.exe，以后按提示进行下一步操作安装即可。

Visual Basic 安装成功后，启动 VB 的步骤如下：

（1）单击 Windows 的"开始"按钮。

（2）在弹出的菜单中单击"所有程序"菜单项。

（3）将鼠标指针指向"Microsoft Visual Basic 6.0 中文版"菜单项。

（4）在弹出菜单中单击"Microsoft Visual Basic 6.0 中文版"图标，即可启动 VB。

3. VB 的退出

如果要退出 VB，可以单击 VB 主窗口中的"关闭"按钮或选择"文件"菜单中的"退出"菜单项，即可退出 Visual Basic，返回 Windows 环境。对未保存的工程内容，则提示用户是否保存文件或直接退出。

1.2　Visual Basic 6.0 集成开发环境

VB 的集成开发环境中包括主窗口、窗体窗口、工具箱、对象浏览器窗口、工程资源管理器窗口、属性窗口、窗体布局窗口以及代码编辑器窗口。

启动 VB 后，首先会弹出一个"新建工程"对话框，如图 1-1 所示，提示用户选择创建的工程类别。系统默认创建工程类别为"标准 EXE"文件，单击对话框的"打开"按钮，即可打开 VB 集成开发环境，如图 1-2 所示。

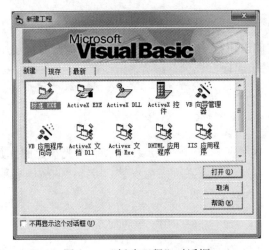

图 1-1　"新建工程"对话框

1.2.1　主窗口

主窗口位于集成环境的顶部，由标题栏、菜单栏和工具栏组成。

1. 标题栏

标题栏用于显示应用程序的名称及其工作状态。其中的标题"工程 1-Microsoft Visual Basic [设计]"，说明此时集成开发环境处于设计模式，在进入其他状态时，方括号中的文字将作相应的变化。

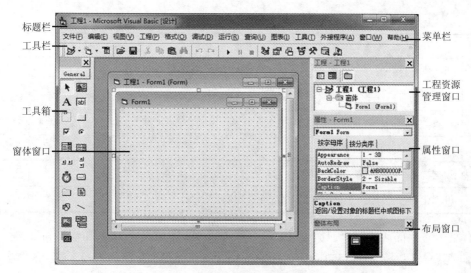

图 1-2　VB 的集成开发环境窗口

VB 有 3 种工作模式：设计（Design）模式、运行（Run）模式和中断（Break）模式。

- 设计模式：可以进行用户界面的设计、代码编辑，完成应用程序的开发。
- 运行模式：运行应用程序。但此时不能进行窗体界面和代码编辑。
- 中断模式：暂时中断运行的应用程序，此时可以编辑代码，但不能编辑窗体界面。

标题栏的最左端是窗口控制图标；标题栏的右端是最小化、最大化（或还原）和关闭按钮。

2. 菜单栏

菜单栏提供了用于应用程序开发、运行、调试、保存所需的所有命令。

3. 工具栏

工具栏提供了一些常用菜单项的快捷按钮，工具栏中各快捷按钮的作用如表 1-1 所列。

表 1-1　工具栏中快捷按钮列表

图标	功能	快捷键
	添加标准 EXE 工程——用来添加一个新的工程到工程组中。单击其右边的下拉箭头将弹出一个下拉菜单，可以从中选择要添加的工程类型	无
	添加窗体——默认情况下添加一个窗体到用户的工程中，也可单击其右边的下拉箭头从弹出的下拉菜单中选择想添加的对象。例如可以添加 MDI 窗体、用户控件等	无
	菜单编辑器——用来显示菜单编辑器对话框	Ctrl+E
	打开工程——用于打开存在的工程文件	Ctrl+O
	保存工程——用于保存当前工程	无
	启动——开始运行当前工程	F5
	中断——中断当前运行的工程	Ctrl+Break
	结束——结束运行当前的工程	无
	工程资源管理器——打开工程资源管理器窗口	Ctrl+R

续表

图标	功能	快捷键
	属性——打开属性窗口	F4
	窗体布局窗口——打开窗体布局窗口	无
	对象浏览器——打开对象浏览器窗口	F2
	工具箱——打开工具箱窗口	无
	数据视图——打开数据视图窗口	无
	可视化部件管理器——打开可视化部件管理器	无

　　VB 采用了平面式工具栏，如果要运行某一菜单项只需单击相应的快捷按钮即可。当鼠标指针指向某个按钮时，系统将自动弹出相应的功能提示。在工具栏的末端，显示的是窗体的左上角的坐标位置和窗体目前的宽度和高度，在 VB 中，默认的坐标度量单位采用的是 Twips（缇），该单位与屏幕分辨率无关。

$$1Twips=1/567cm=1/20point（点）$$

1.2.2　窗体编辑器和窗体

　　位于集成开发环境窗口中间部分的"工程 1-Form1（Form）"为窗体编辑器和窗体，如图 1-2 所示。在设计时，窗体编辑器主要用来设计应用程序的用户界面，如窗体的外观，添加文本框、按钮、菜单、各种标签等控件，移动控件或改变控件大小。运行时通过窗体可以接受用户输入的数据、显示输出的结果；窗体可以移动、改变大小及缩成图标。一个应用程序可以拥有多个窗体，每个窗体都必须有一个唯一的窗体名称，建立窗体时缺省名为 Form1，Form2，……

　　在设计状态下窗体是可见的，窗体的网格点间距等各种属性和窗口的格式可以通过"工具"菜单的"选项"命令，在"通用"选项卡中进行调整。

　　除了一般窗体外，还有一种 MDI（Multiple Document Interface，多文档窗体），它可以包含多个子窗体，每个窗体都是独立的。

1.2.3　工程资源管理器窗口

　　在 VB 中，把开发一个应用程序视为一项工程，用创建工程的方法来创建一个应用程序，利用工程来管理应用程序中的所有文件。创建或打开一个工程后，工程资源管理器窗口位于主窗口右侧，如图 1-3 所示。工程资源管理器窗口上方有：查看代码、查看对象和切换文件夹三个按钮。工程资源管理器窗口下方包含了一个应用程序的所有属性以及所需的所有文件的列表，以层次型结构显示所设计的应用程序的所有工程（组）、窗体、标准模块等编程对象，使用鼠标单击含"+"的节点，可展开一层，单击含"-"的节点，可折叠分支。若要打开某窗体，只需用鼠标双击该窗体文件即可。

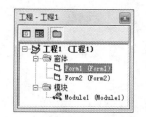

图 1-3　工程资源管理器窗口

一个工程可以包含以下几类文件：

- 工程文件（.vbp）和工程组文件（.vbg）：每个工程对应一个工程文件，该文件保存着工程所需的所有文件和对象列表。如果应用程序包含两个以上工程时，这些工程就构成一个工程组。
- 窗体文件（.frm）：该文件存储窗体上使用的所有控件对象、对象的属性、对象相应的事件过程与程序代码。一个应用程序至少有一个窗体文件。
- 标准模块文件（.bas）：该文件存储所有模块级变量和用户自定义的通用过程。通用过程是指可以被该应用程序各模块调用的过程。
- 类模块文件（.cls）：可以用类模块来建立用户自己的对象。类模块包含用户对象的属性及方法，但不包含事件代码。
- 资源文件（.res）：资源文件中可以存放文本、图片、声音等多种资源。

另外 VB 文件中还包括窗体二进制数据文件（.frx）、ActiveX 控件文件（.ocx）、用户文档文件（.dob）等。

保存工程文件可在 VB 集成开发环境的"文件"菜单中选择"保存工程"菜单项，将其保存到扩展名为.vbp 的工程文件中。以后若要打开该工程，也是通过打开该工程文件来实现的。当完成工程的全部文件之后，就可通过"文件"菜单下的"生成工程"菜单项，将工程编译生成可执行的 EXE 文件。

值得注意的是，工程文件仅保存该工程所需的所有文件的一个列表，并不保存用户图形界面和程序代码。用户图形界面、各控件的属性设置值以及程序代码等，均保存在各窗体对应的窗体文件中，因此保存工程时一定要保存窗体文件。

1.2.4　工具箱

在集成开发环境窗口的左侧是 VB 的工具箱，其中含有许多可视化的控件对象。控件是设计用户界面的基本元素，用户可以从工具箱中选取所需的控件，并将它添加到窗体中，以绘制所需的图形用户界面。

VB 控件分为三类：内部控件、ActiveX 控件和可插入控件。

内部控件亦称为标准控件，如文本框、命令按钮、计时器等。VB 启动时，一般仅在工具箱中装载内部控件，如图 1-4 所示。其他的 ActiveX 控件和可插入控件，可通过 VB "工程"菜单中的"部件"菜单项添加到工具箱。方法是：单击"部件"菜单项将弹出"部件"对话框，在"控件"列表框中，找到要添加的控件列表，单击列表项左边的方框，以选中该控件（此时方框中会出现"√"标志），然后单击对话框的"确定"按钮，被选中的控件就会添加到工具箱中。添加了其他控件的工具箱如图 1-5 所示。

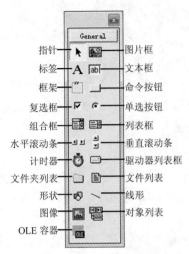

图 1-4　标准工具箱

图 1-5　添加控件后的工具箱

若要在窗体中添加某控件，首先单击工具箱中的该控件，这时被选中的控件变为凹状。然后将鼠标指针移到窗体中，当变为十字形时，按下鼠标左键并拖动，画出一个方框，再松开鼠标左键，一个四周带有黑点的控件将出现在窗体中。用鼠标左键按住控件四周的小黑点拖动，可以调整其大小；用鼠标左键按住控件中的区域拖动，可以改变其在窗体中的位置。对选定的控件，也可以使用"编辑"菜单或"工具栏"中的"复制"与"粘贴"按钮进行复制；按 Delete 键或"编辑"菜单的"删除"进行删除操作。

1.2.5　属性窗口

在 VB 中，属性窗口通常位于工程资源管理器窗口的下方，用于设置或修改当前选定对象的属性取值，如图 1-6 所示。

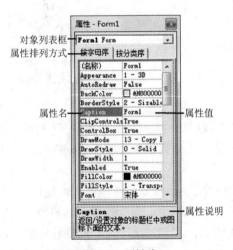

图 1-6　属性窗口

设置或修改属性的方法是：选中要修改属性的对象，按功能键 F4，或单击工具栏上的属性按钮，或选择"视图"菜单中的"属性窗口"菜单项，即可弹出该对象的属性窗口。在属性窗口第 1 栏（名称栏）单击选中要修改的属性，在第 2 栏的对应位置输入或选择属性的具体取值。同时，选中某项属性后，在属性窗口的底部会有对该属性功能的一些简单说明。

1.2.6　代码编辑器窗口

　　在用户图形界面设计过程中，针对要响应用户操作的对象需要编写相应的程序代码。操作方法是：在窗体编辑器窗口中，选中要编程的对象，按快捷键 F7，即可弹出该对象的代码编辑窗口，再完成编写程序代码。另外，也可通过直接双击要编程的对象来弹出代码编辑窗口。

　　在代码编辑窗口中，通常会自动显示该对象的一个默认事件过程框架，如图 1-7 所示为窗体对象的 Load 事件代码编辑窗口。若要更改编程的对象，或者更改对象所要响应的事件，可通过代码编辑窗口顶部的对象或事件过程下拉列表框来实现，左边的列表框用于选择要编程的对象，右边的列表框用于选择该对象所要响应的事件，单击列表框右边的下三角按钮，即可弹出相应的列表选项，如图 1-8 所示。对象和对象要响应的事件确定后，代码编辑区中的事件过程框架就会自动产生，接下来就可在事件过程框架中编写实现具体功能的程序代码，编写完毕后，单击编辑窗口的关闭按钮，将其关闭即可。若要观察运行效果，按快捷键 F5 或单击工具栏上的启动按钮 ▶，即可运行该程序。

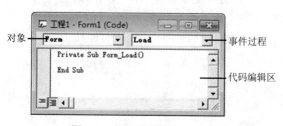

图 1-7　代码编辑窗口

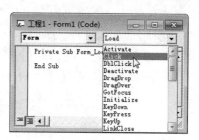

图 1-8　事件的选择方法

1.3　简单程序实例

1.3.1　开发应用程序的基本步骤

　　采用 VB 开发应用程序，首先要进行用户界面设计，其中要对界面所用的控件对象等进行属性设置，然后编写事件过程的程序代码，最后进行程序调试、运行。一般步骤如下：

　　（1）启动 VB 系统，创建新工程。

　　（2）设计界面。建立窗体，再利用工具箱向窗体添加各种对象。

　　（3）设置窗体或控件对象的属性。

　　（4）编写程序代码，建立事件过程。

　　（5）保存工程。

　　（6）运行和调试应用程序。

　　【例 1-1】编写一个程序实现以下功能：在程序运行中，当用鼠标单击窗体时，在窗体上显示"欢迎来到 VB 编程乐园！"的信息。

分析：程序运行中，用户单击的对象是窗体，在窗体上显示字符串信息，因此，需要针对窗体对象编程，而信息的显示，是在单击事件发生后显示的，应对窗体对象的单击事件编程。

操作步骤如下：

（1）启动 VB，选择"标准 EXE"选项，进入 VB 集成开发环境。此时系统已经自动创建了一个窗体 Form1。

（2）双击窗体打开代码编辑窗口，按图 1-8 所示在代码编辑窗口顶部右边的组合框中选择 Click（单击）事件过程，则显示窗体的 Click 事件过程框架。

（3）在 Click 事件过程中编写实现显示信息的程序代码，如图 1-9 所示。

图 1-9 事件过程代码的编写

（4）保存工程，文件名为 VB01_1。

单击"文件"菜单中的"保存工程"或"工程另存为"菜单项，弹出"文件另存为"对话框，在"文件名"框中输入文件名：VB01_1，保存类型为"窗体文件（*.frm）"不变，如图 1-10 所示，单击"保存"按钮，则弹出"工程另存为"对话框，同样方法输入工程文件名：VB01_1，文件类型为：工程文件（.vbp），再单击"保存"按钮，完成工程保存。

图 1-10 "文件另存为"对话框

提示：系统默认保存位置为安装 VB 系统位置的子文件夹（C:\Program Files\Microsoft Visual Studio）VB98 中，若要改变保存位置，可以单击"保存在"组合框右侧下三角按钮，选择目标文件夹。

保存工程文件后，VB 系统可能会弹出 Source Code Control 对话框，询问用户是否添加该工程到 SourceSafe 中，如要实现多工程之间共享文件，则单击 Yes 按钮；否则单击 No 按钮不添加。

（5）按快捷键 F5 运行并调试应用程序。若要结束程序的运行，可单击工具栏上的结束按钮 ■。

【例 1-2】编写一个程序实现如下功能：在程序运行时，在文本框 Text1 中输入圆的半径，当单击"计算"命令按钮时，计算圆的面积并显示在文本框 Text2 中，单击"退出"命令按钮时，程序运行结束。窗体界面如图 1-11 所示。

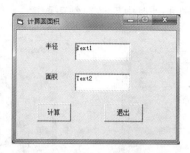

图 1-11　例 1-2 的窗体界面

分析：从图 1-11 中可知，窗体标题为"计算圆面积"，窗体上有"半径"与"面积"两个标签、用于输入半径和显示面积的两个文本框、标题为"计算"与"退出"的两个命令按钮。运行时用户在"半径"文本框中输入圆的半径，单击"计算"按钮，计算圆的面积并在"面积"文本框中显示结果，单击"退出"按钮，则结束程序运行。因此，需要针对窗体及各控件对象设置属性，对按钮对象的单击事件编程。

操作步骤如下：

（1）启动 VB，选择"标准 EXE"选项，创建一个工程。

（2）设置窗体 Form1 的属性。单击属性窗口中的 Caption 属性，将属性值改为：计算圆面积。

（3）单击工具箱中标签控件"A"，将鼠标指针移到窗体 Form1 上适当位置（此时指针变为×字形），按下鼠标左键并拖动鼠标画出一个标签控件 Label1。

（4）选中标签控件 Label1，在属性窗口中单击标题属性 Caption，在第 2 栏输入属性值"半径"。

（5）重复步骤（3）（4），再添加"面积"标签控件。

（6）单击工具箱中文本框控件，在窗体上添加两个文本框对象 Text1、Text2。

（7）单击工具箱中命令按钮控件，在窗体上添加两个命令按钮对象 Command1、Command2，并修改标题 Caption 属性值分别为"计算""退出"。

（8）双击命令按钮 Command1 对象，在代码编辑窗口右上角组合框中选择 Click 事件，并输入命令按钮 Command1 的单击事件过程 Command1_ Click 代码：

```
Private Sub Command1_Click()
    Dim x As Single
    x=Val(Text1.Text)
    Text2.Text=3.1415*x*x
End Sub
```

其中：Dim 语句是定义一个单精度（Single）变量 x；Val(Text1.Text)的作用是将文本框 Text1 中输入的数字字符转换为数值。

（9）同样方法输入命令按钮 Command 2 的 Click 事件过程 Command2_ Click 代码：

```
Private Sub Command2_Click()
    End
End Sub
```

完成代码编辑如图 1-12 所示。

（10）保存工程，文件名为 VB01_2.vbp；保存窗体文件 VB01_2.frm。

（11）单击集成开发环境窗口工具栏中的"启动"按钮执行程序，当输入半径的值为 4时，运行结果如图 1-13 所示；单击"退出"按钮结束程序。

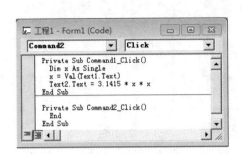

图 1-12　完成代码编辑

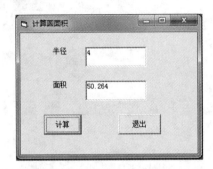

图 1-13　例 1-2 运行结果

1.3.2　生成可执行文件和打包

应用程序全部调试运行通过后，如果要在未安装 VB 系统的计算机上运行，需要包含应用程序所需的动态链接库及附加使用的所有控件，将源程序打包处理编译成能脱离 VB 环境而独立运行的 EXE 应用程序。

打开"文件"菜单，选择"生成…EXE"菜单项（这里的省略号代表工程名）。选中该菜单项后，系统弹出"生成工程"对话框，以确定要生成的应用程序的文件名，如图 1-14 所示，单击"确定"按钮后，系统将工程编译、链接生成对应的 EXE 程序。

在"生成工程"对话框底部，有一"选项(O)…"按钮，单击该按钮，将显示"工程属性"对话框，在"工程属性"对话框中，可进一步设置待生成的 EXE 文件的相关信息，如图 1-15所示。

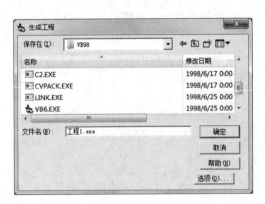

图 1-14　"生成工程"对话框

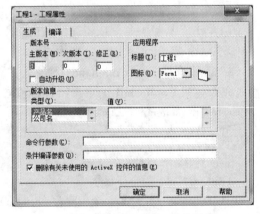

图 1-15　"工程属性"对话框

1. 打包

生成的 EXE 文件，在最终运行时，还需要 VB 系统的一些基本的文件，如动态链接库（.DLL）、OCX 等文件的支持，因此，在发布应用程序时，还需一同发布其所需的运行库。可利用 VB 的应用程序安装向导，将应用程序制作成安装盘再发布。操作步骤如下：

（1）保存工程，退出 VB 系统。

（2）单击 Windows 的"开始"按钮。

（3）选择"所有程序"→"Microsoft Visual Basic 6.0 中文版"→"Microsoft Visual Basic 6.0 中文版工具"→"Package & Deployment 向导"，如图 1-16 所示，单击后，显示如图 1-17 所示"打包和展开向导"对话框。其中包含三个按钮：

- 打包：把工程中所需的各种类型的文件（包括工程自身、必要的系统文件和安装主文件）进行打包压缩后，存入指定的文件夹。
- 展开：把打包的文件展开到用户的光盘、软盘等存储介质上。
- 管理脚本：记录打包或展开过程中的设置，便于以后做同样的操作。

图 1-16　选择 Package & Deployment 向导

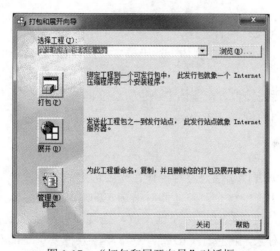

图 1-17　"打包和展开向导"对话框

（4）在"选择工程"下拉列表框中填入欲制成安装盘的工程名，然后单击"打包"按钮，再根据向导提示的内容进行若干选择，如打包类型、打包文件夹、包含的文件等，在向导最后一页单击"完成"按钮，系统经过一段时间处理后，即在你指定的目录下生成你所选择类型的发布文件。

2. 展开

展开的实质是将打包结果复制一份到展开文件夹。展开对软件或 Web 发布是必须做的，否则只进行简单复制可能会出现问题。

如需展开，则在如图 1-17 所示的对话框单击"展开"按钮，在显示的对话框中依次选择打包的脚本名、展开的方法和展开的脚本名。至此，安装程序制作才能全部完成。

1.4　面向对象的程序设计方法

1.4.1　对象的概念与建立

1. 对象的概念

在现实生活中，任何一个可见的实体都可以视为一个**对象**（Object）。如一台电脑、一只气球都是一个对象。而电脑又可拆分为主板、CPU、内存、硬盘、显示器、键盘等部件。这些部件都是对象。

在 VB 中，对象分为两类：一类是系统设计的预定义对象，可以直接使用或进行操作；另一类是用户自定义对象（本书不作介绍）。例如窗体及工具箱中的标签、文本框、命令按钮等控件都是系统预定义对象。用工具箱中的这些控件可在窗体上画出各种各样的图形，操作方便简单。

2. 对象的建立

在窗体上建立控件对象有两种方法。

- 单击工具箱中所需控件，在窗体上适当位置按住鼠标左键拖动画出所需的大小后再放开鼠标。
- 双击工具箱中所需控件，在窗体中央位置会立即显示出一个对象，然后再用鼠标拖动调整在窗体界面的位置、大小等。

3. 对象的选择

若要对窗体上的对象进行属性设置等操作，先要选定对象。

单个对象只需要单击选中这个对象，此时被选定的对象四周显示出八个控制柄。

若要选中多个对象，可以按住鼠标左键不放，拖动鼠标将要选定的对象包围在虚线框内即可。或者先选定一个对象，再按住 Ctrl 键，逐个单击其他要选定的对象。

例如，对多个标签设置同一种字体、字形、字号，可以选定这些标签，再设置 Font 属性，则选定的标签就具有相同的字体、字形、字号。

4. 对象的删除

对选定的对象进行删除操作，可以按键盘上的 Delete 键。或者右击要删除的对象，在快捷菜单中选择"删除"菜单项。

5. 对象的复制

选中要复制的对象，单击工具栏的"复制"按钮，再单击"粘贴"按钮，此时将弹出提示信息框，询问是否要创建控件数组。单击"否"按钮，则复制了标题相同但名称不同的对象。

提示：建议初学者不要使用复制的方法来创建对象，因为如果在询问是否要创建控件数组提示信息框中单击了"是"按钮，就会创建名称相同的控件数组，在编写事件过程代码时容易出现问题。

1.4.2　类和对象的属性、事件、方法

对象具有属性、事件和方法三个要素。

1.　属性

对象所具有的一组特征，称为**属性**。不同的对象有不同的属性，如一辆汽车所具有的属性包括可以看到的一些性质，如车身的长、宽、高、颜色、车标、行驶还是静止状态；还有一些不可见的性质，如它的使用年限、价格等。

在可视化编程中，每一种对象都有一组特定的属性。有许多的属性为大多数对象所共有，如定义对象的背景色 BackColor 属性。还有一些属性仅限于个别对象，如只有命令按钮才有的 Cancel 属性，用来指定命令按钮是否为窗体的"取消"按钮。

在 VB 中，通过修改对象的属性控制控件的外观和操作，对象属性的设置一般有两条途径。

（1）在设计时使用属性窗口设置

属性窗口包含被选择的窗体、控件在设计时的属性列表，供开发者进行设置修改。操作是：选定对象，然后在属性窗口中找到相应属性直接设置。这种方法的特点是简单明了，每当选择一个属性时，在属性窗口的下部就显示该属性的一个简短提示，缺点是不能设置所有所需的属性。

（2）在程序中通过语句设置

一般格式如下：

> **对象名 . 属性名=属性值**

例如，在程序中将例 1-1 的窗体 Form1 的 Caption 属性改为"欢迎"，可以在代码窗口的程序中添加一行语句：

> Form1.Caption="欢迎"

2.　事件

事件（Event）就是对象上所发生的事情。比如点火发动汽车。把汽车看成一个对象，那么在行驶过程中对踩油门事件的响应是加速，对踩刹车事件的响应是停止。

在 VB 中，事件是系统预先定义好的、能够被对象识别的动作，如单击（Click）事件、双击（DblClick）事件、装载（Load）事件、移动鼠标（MouseMove）事件、按键（KeyPress）事件等。表 1-2 中列出了控件常用的事件。

不同的对象能够识别不同的事件。例如，窗体对象能够识别单击和双击事件，而命令按钮对象只能识别单击事件，但不能识别双击事件。当事件发生时，对象就会对该事件做出响应。应用程序就应处理这个事件，而处理的步骤就是事件过程。事件过程（Event Procedure）是用来完成事件发生后要执行的操作，通常是通过一段程序代码来实现。

一个对象能够响应一个或多个事件，因此可以使用一个和多个事件过程对用户或系统的事件作出响应。VB 应用程序设计的主要任务就是为对象编写事件过程的程序代码。

事件过程的名称是由对象名和事件名两部分组成，两者之间用一个下划线连接，其一般

格式为：

> **Private Sub 对象名_事件名( )**
> 　　事件过程代码
> **End Sub**

其中，Sub 是定义过程开始的语句，End Sub 是定义过程结束的语句，关键字 Private 表示该过程是局部过程。编程时，用户只需要在过程开始语句和结束语句之间添加实现具体功能的程序代码。在例 1-1 中，在单击事件过程中添加在窗体上输出字符串的功能语句：Form1.Print "欢迎来到 VB 编程乐园!"。

说明：虽然一个对象可以响应多个事件，但程序开发者只需要编写必须响应的事件过程，而其他无用的事件过程则不必编写程序代码。没有程序代码的事件过程，系统对该事件不予处理。

表 1-2　控件的常用事件

事件名	说明
Click	单击鼠标
DbClick	双击鼠标
Load	加载窗体
Unload	卸载窗体
Change	控件内容改变
Resize	控件大小改变
KeyDown	键盘按钮按下
KeyUp	键盘按钮松开
KeyPress	按下可显示字符键
MouseDown	按下鼠标
MouseUp	松开鼠标
MouseMove	移动鼠标

3. 方法

方法（Method）是对象能够执行的动作。在 VB 中，方法是对象包含的函数或过程，用来完成某种特定的功能。例如 Print（输出信息）、Move（移动）、Show（显示窗体）、Hide（隐藏窗体）。每个方法完成某个功能，但用户既看不到其实现的步骤和细节，也不能修改，用户能做的工作就是按照约定直接调用这些方法，其调用格式如下：

> **[对象名.]方法名 [可选参数项]**

例如，Form1.Hide 表示由 Form1 对象调用 Hide 这个方法，其执行结果是将窗体 Form1 隐藏起来。同样，Form1.Print　"欢迎来到 VB 编程乐园！"的作用是在窗体 Form1 上显示字符串"欢迎来到 VB 编程乐园！"，其中"欢迎来到 VB 编程乐园！"就是可选参数。如写成 Printer1.Print "欢迎来到 VB 编程乐园！"则是要在打印机上打印出该字符串。

说明：方法只能在程序代码中使用。

在调用格式中，如果省略了对象名，则隐含指窗体。如在例 1-1 中的 Form1_Click 事件过程中调用 Print 方法可以直接使用代码：Print "欢迎来到 VB 编程乐园！"。

为了清晰和不致于混淆，建议都在"方法名"之前加上"对象名"。另外，还应注意每一种对象所能调用的"方法"是不完全相同的。

4. 类

类（Class）是一组用来定义对象的相关过程和数据的集合。简单讲，类是创建对象的模型，对象是按模型生产出来的成品。如：使用一个模具铸造大型机器部件，这个模具好比是一个类，铸造出来的机器部件成品就是对象。

在 VB 中，类可以由系统设计好，也可以由程序员自己设计（本教材不作介绍）。

VB 工具箱中的每一个控件都代表一个类，如标签、文件框、命令按钮等。将这些控件添加到窗体上时就创建了相应的对象。由同一个类创建的对象具有由类定义的公共属性、事件和方法，不同的类创建的对象会有不同的属性、事件和方法。

1.5　事件驱动的编程机制

传统的编程是面向过程的结构化程序设计方法，由一个主程序和若干个过程或函数组成。在解决问题的过程中，不但要提出求解问题的方法，还要精确地给出求解问题的实现过程（将问题的求解过程细化分解成多个相互独立的子模块）。应用程序执行的先后顺序由程序设计者编写的代码决定，运行时总是从主程序开始，由主程序调用各个过程或函数，用户无法改变。

VB 是面向对象的程序设计思想，采用**事件驱动**的编程机制。VB 应用程序是由一些彼此相互独立的事件过程构成,对象与程序代码通过事件及事件过程来联系,在事件驱动的机制下，程序员只要根据不同的对象编写响应用户动作的事件过程代码，而不需考虑执行程序的顺序。程序运行时，系统处于等待某个事件的发生的状态，每个事件过程都由相应的事件来触发而被执行，各事件发生的顺序是任意的。当事件发生时，系统执行该事件的事件处理过程，执行完毕以后，系统又处于等待状态。这种事件驱动方式，用户或系统触发事件的顺序决定了事件过程代码的执行顺序。若用户或系统未触发任何事件，则系统将一直处于等待状态。

习题一

一、选择题

1. 与传统的结构化程序设计语言相比，Visual Basic 最突出的特点是（　　）。

    A）程序开发环境　　　　　　　　　B）结构化程序设计

    C）程序设计技术　　　　　　　　　D）事件驱动机制

2. 下列叙述正确的是（　　）。

    A）程序就是软件　　　　　　　　　B）软件开发不受计算机系统的限制

    C）软件既是逻辑实体，又是物理实体　D）软件是程序、数据和相关文档的集合

3．保存一个 Visual Basic 应用程序，应当（　　　）。

    A）只保存工程文件　　　　　　　　　　B）只保存窗体文件

    C）分别保存窗体文件和工程文件　　　　D）以上都不对

4．在 VB 中，下列（　　　）操作不能打开代码编辑窗口。

    A）双击窗体上的某个控件　　　　　　　B）双击窗体

    C）选定对象后，按快捷键 F7　　　　　　D）单击窗体或控件

5．高级语言程序的核心是（　　　）。

    A）语法　　　　　　B）算法　　　　　　C）流程图　　　　　　D）设计方法

6．Visual Basic 窗体设计器的主要功能是（　　　）。

    A）建立应用程序界面　　　　　　　　　B）编写源程序代码

    C）画图　　　　　　　　　　　　　　　D）显示文字

7．在 VB 中，表示窗体宽、高的是（　　　）。

    A）对象　　　　　　B）事件　　　　　　C）属性　　　　　　D）方法

8．在 Visual Basic 中，扩展名.bas 表示是（　　　）文件。

    A）窗体　　　　　　B）工程　　　　　　C）标准模块　　　　　　D）类模块

9．以下不属于 Visual Basic 系统的文件类型是（　　　）。

    A）.frm　　　　　　B）.bat　　　　　　C）.vbg　　　　　　D）.vbp

10．VB 6.0 集成开发环境的主窗口中不包括（　　　）。

    A）菜单栏　　　　　B）状态栏　　　　　C）标题栏　　　　　　D）工具栏

11．Visual Basic 的标准化控件位于 IDE（集成开发环境）中的（　　　）窗口内。

    A）工具栏　　　　　B）工具箱　　　　　C）窗体设计器　　　　　D）对象浏览器

12．Visual Basic 中标准模块文件的扩展名是（　　　）。

    A）bas　　　　　　B）cls　　　　　　C）frm　　　　　　D）vbp

13．下列关于事件的说法中，正确的是（　　　）。

    A）用户可以根据需要建立新的事件

    B）事件的名称是可以改变的，由用户预先定义

    C）不同类型的对象所能识别的事件一定不相同

    D）事件是由系统预先定义好的能够被对象识别的动作

14．在代码编辑窗口中，当从对象框中选定了某个对象后，在（　　　）中会列出适用于该对象的事件。

    A）工具栏　　　　　B）过程框　　　　　C）工具箱　　　　　D）属性窗口

15．要在命令按钮 Cmd1 上显示"计算"，可以使用（　　　）语句。

    A）Cmd1.Value="计算"　　　　　　　　B）Cmd1.Name="计算"

    C）Cmd1.Caption="计算"　　　　　　　　D）Command1.Caption="计算"

16．在窗体上建立一个命令按钮 Command1，编写了如下事件过程：

```
Private Sub Command1_Click()
    Caption="查找"
End Sub
```

程序运行后，单击命令按钮，执行的操作是

    A）在窗体上显示"查找"

    B）窗体的标题显示为"查找"

C）命令按钮的标题显示为"查找"

D）VB 主窗口的标题栏上显示"查找"

二、填空题

1．Visual Basic 是一种面向_____的可视化程序设计语言，采取了_____的编程机制。

2．Visual Basic 的集成开发环境主要由 6 个部分组成，它们分别是_____、_____、_____、_____、_____、_____。

3．Visual Basic 工作状态有三种模式，分别是_____、_____、_____。

4．Visual Basic 的对象主要分为_____和_____两大类。

5．在 Visual Basic 中，用来描述一个对象外部特征的量称之为对象的_____。

6．在 Visual Basic 中，设置或修改一个对象的属性的方法有两种，它们分别是_____和_____。

7．在 Visual Basic 中，事件过程的名字由_____、_____和_____所构成。

8．若用户单击了窗体 Form1，则此时将被执行的事件过程的名字应为_____。

9．控件分为三类：_____、ActiveX 控件和可插入对象。

10．对象的三要素是_____、_____和_____。

11．在设计阶段，双击工具箱中的控件按钮，即可在窗体的_____位置上放置控件；当双击窗体上某个控件时，所打开的是_____窗口。

12．在窗体 Form1 上有一个名称为 Command1 的命令按钮和一个名称为 Text1 的文本框。程序运行时，单击该命名按钮，在文本框中显示"Visual Basic 程序设计"。请补充完成下面的事件过程。

```
Private      ___(1)___
      ___(2)___
End Sub
```

三、简答题

1．简述 Visual Basic 的特点。

2．什么是对象的属性、事件和方法？

3．Visual Basic 如何完成对用户操作的响应？

4．什么是事件？事件过程的一般格式是怎样的？如何编写对象的事件过程？

5．在窗体中绘制控件有哪几种方法？如何调整控件的大小和位置？

6．设置或修改对象的属性有哪两种方法，具体如何设置？

7．如何保存 Visual Basic 工程，保存工程时应注意什么问题？

8．Visual Basic 6.0 有多种类型的窗口，若用户在设计时想看到代码编辑窗口，应该怎样操作？

9．Visual Basic 程序开发的一般步骤和方法是怎样的？

10．Visual Basic 的编译方式有哪两种，各自的优越性怎样？

四、编程题

说明：按下列各题要求进行操作和编程。保存工程文件或窗体文件时要包含章节和题号，如：第 1 章例 1-2 题保存为 Ex0102.vbp 和 Ex0102.frm。以后各章习题编程操作均按此要求进行保存。

1．新建一个工程 Ex0101.vbp，窗体文件保存为 Ex0101.frm。设置如下属性：

窗体 Form1：

Caption（标题）	欢迎
BackColor（背景色）	&H00FFFFFF&
Height（高）	3090
Width（宽）	5000
Left（左端）	2000
Top（顶端）	3000
标签 Label1：	
Caption	欢迎使用 VB 程序设计
ForeColor（前景色）	红色
Font（字体）	楷体、粗体、小四
AutoSize（自动大小）	True

2. 新建一个工程 Ex0102.vbp，窗体界面如图 1-18 所示。在文本框中输入用户名 ABC，正确时单击"提交"按钮，标签 Label2 的 Caption 显示"用户名正确"；否则单击"取消"按钮，标签 Label2 的 Caption 显示"用户名不正确"。标签 Label2 的 AutoSize 属性值为 True（保存时窗体文件名为 Ex0102.frm）。

3. 新建一个工程 Ex0103.vbp，窗体界面如图 1-19 所示。要求在文本框 Text1 中输入购买数量，当单击"计算"命令按钮时，按单价 3.6 元计算应付款，并显示在文本框 Text2 中；当单击"关闭"命令按钮时结束程序运行。

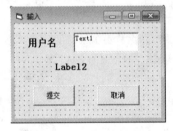

图 1-18　第 2 题创建的窗体

图 1-19　第 3 题运行结果

2

Visual Basic 语言基础

学习目标：
- 掌握 VB 的数据类型
- 掌握 VB 的常量和变量的定义及使用
- 掌握 VB 的运算符和表达式的使用
- 掌握 VB 的常用内部函数
- 掌握 InputBox 函数、MsgBox 函数以及 Print 方法的使用

2.1　数据类型和常量、变量

2.1.1　数据类型

使用 Visual Basic 编程处理问题时，需要使用不同类型的数据。数据是指描述客观事物的数字、字符以及所有能输入到计算机中并被计算机程序加工处理的符号集合。

VB 提供了 6 种基本数据类型：数值型、字符型、日期型、布尔型、对象型、变体型（见表 2-1）。其中数值型包括整数（整型和长整型）、浮点数（单精度和双精度）、字节型数和货币型数。此外 VB 允许用户自定义数据类型。

表 2-1　VB 基本数据类型

数据类型	类型名称	所占内存（字节）	类型声明符	取值范围
整型	Integer	2	%	-32768～32767
长整型	Long	4	&	-2147483648～2147483647
单精度	Single	4	!	±1.4E-45～±3.40E38
双精度	Double	8	#	±4.9D-324～±1.79D308
货币型	Currency	8	@	

续表

数据类型	类型名称	所占内存（字节）	类型声明符	取值范围
字节型	Byte	1	无	0～255
字符型	String	字符串长度	$	
布尔型	Boolean	2		True 或 False
日期型	Date	8		1/1/100～12/31/9999
对象型	Object	4		任何对象的引用
变体型	Variant	不定		

1. 数值型数据（Numeric）

（1）整型（Integer）和长整型（Long）

整型是指不带小数点和指数符号的数，在机器内存中用 2 个字节存储，可表示范围为 -32768～32767 之间的整数。在 VB 中可以在数的末尾加类型符"%"来表示 Integer 的整数，也可省略。例如：-100，80%。

长整型在机器内用 4 个字节存储，可表示范围在-2147483648～2147483647 之间的整数。在 VB 中可以在数的末尾加类型符"&"表示 Long 的整数。例如：-21300&、87654321 均表示长整型数。

（2）单精度数（Single）和双精度数（Double）

单精度数和双精度数都是带有小数点的实数。

单精度数有效数字为 7 位，在机器内用 4 个字节存储，类型符为"!"。单精度数可用小数形式和指数形式以及类型符来表示，例如：543.21（小数形式）、0.54321E+3（指数形式）、321!（加单精度类型符）。如果某个数的有效数字位数超过 7 位，当把它定义为单精度变量时，超出的部分会自动四舍五入。

双精度数有效数字为 15 位，在机器内用 8 个字节存储。可以用指数形式或小数形式表示双精度数，指数部分用"D"或"E"表示。在 VB 中可以在数的末尾加"#"表示双精度数据，也可省略。例如：5.4321D+3、0.12345E+3、3.21#等都表示双精度数。

单精度数和双精度数表示数范围大，但有误差，且运算速度慢，对精度要求不高的数值可以采用 Single 型，对精度要求较高的数值可以采用 Double 型。

（3）货币型数据（Currency）

货币型数据是为处理货币而设计的数据类型，是一种特殊的小数。它的精度要求较高，用 8 个字节存储，小数点左边 15 位，精确到小数点右边 4 位，如果数据定义为货币型，且其小数点后超过 4 位，那么超过的部分自动四舍五入。在 VB 中可以在数的末尾加"@"表示货币型数据。例如：1.2@，1234@。

（4）字节型数据（Byte）

字节型数据主要用来存储二进制数，在机器内用一个字节存储，范围为 0～255 之间的无符号整数，不能表示负数。

2. 字符型数据（String）

字符型数据（String）是指用双引号括起来的字符序列，可以包括数字字符、英文字符和汉字等任意字符，例如："Visual Basic123"、"中华人民共和国 China"。注意 VB 中采用 Unicode 字符编码，一个英文字母或一个汉字均占 2 个字节。

3. 逻辑型数据（Boolean）

逻辑型数据又称布尔型数据，在机器内用 2 个字节存储，用来表示逻辑判断的结果，只有真（True）和假（False）两个值。逻辑数据转换成整型数据时，True 转换为-1，False 转换为 0；数值型数据转换为逻辑型数据时，非 0 数转换为 True，0 转换为 False。

4. 日期型数据（Date）

日期型数据是为表示日期设置的，在机器内占 8 个字节，用 "#" 将日期和时间值括起来，例如：#04/01/2015#、#2015-10-01#、#September 1,2016#、#2015-3-10 14:30:25#。日期的表示范围从公元 100 年 1 月 1 日到 9999 年 12 月 31 日，时间范围为 0:00:00～23:59:59。

5. 对象型数据（Object）

对象型数据（Object）以 4 个字节来存储，可以用来引用程序中的对象。在使用中，一般先通过 Dim objLb As Object 声明一个名为 objLb 的 Object 变量，随后用 Set 语句指定它来引用应用程序中的实际对象。

6. 变体型数据（Variant）

Variant 数据类型能够存储所有系统定义类型的数据，可以表示任何一种数据类型，是一种可变的数据类型，为 VB 的数据处理增加了智能性。在声明变量时，若没有加以说明类型，则默认为 Variant。例如以下代码中变体型数据 v1 随赋值的数据类型不同而不同：

```
Dim v1 as Variant
v1="china"          '存放一个字符串
v1=100              '存放数值型数据
v1=#04/12/2015#     '存放一个日期型数据
```

2.1.2 常量

在程序执行期间，变量用来存储可能变化的数据，而常量则表示固定不变的数据。在 VB 中常量有直接常量、符号常量和系统提供的常量。

1. 直接常量

直接常量是在程序代码中，以明显的方式给出的数据，可直接反映其数据类型；也可在常数值后紧跟类型符表明常数的数据类型。

（1）数值常量

就是可以用前面所讲的 6 种数值型类型直接给出的常数：整型 Integer、长整型 Long、单精度 Single、双精度 Double、字节型 Byte、货币型 Currency。如 123、132&、3.21E3。还可以用八进制数和十六进制数表示常数。八进制数以&O 打头，十六进制数以&H 打头，例如如 &O37，&H4E，&H5AC2。

（2）字符串常量

字符串常量是一个用英文双引号括起来的字符序列，如："China"、"VB"。

（3）布尔型常量

布尔型常量只有两个值：True、False。

（4）日期常量

日期常量通常用一对"#"号括起来，例如：#03/22/2015#、#04/12/2015 10:30:25 PM#。

2. 符号常量

符号常量是在程序中用符号表示某个常量，用户可以定义一个标识符来代表一个常数值。声明语句的语法为：

Const 符号常量名 [As 数据类型]=常量表达式

其中，"As 数据类型"是常量的类型，属于可选项，省略时常量的类型由其后赋予的表达式决定。例如：

```
Const PI=3.14159                    '声明了常量 PI，代表 3.14159，单精度
Const MYDATE As Date= #4/30/2015#   '声明了符号常量 MYDATE，代表某个日期
Const MYS = "Hello"                 '声明了符号常量 MYS，代表某个字符串
```

3. 系统提供的常量

VB 提供许多系统预先定义的、具有不同用途的常量。通过使用常量，可使程序变得易于阅读和编写。例如将窗口最大化，在程序中使用语句 Form1. WindowState=vbMaximized，显然要比使用语句 Form1. WindowState=2 易于阅读。

2.1.3 变量

变量是指在程序运行过程中，其值可以改变的量。每个变量都有一个名字，在使用变量前，一般先声明变量名称及其数据类型，以便系统为它分配内存单元。

1. 变量的命名

（1）变量名必须以英文字母或汉字开头，只能由字母、汉字、数字、下划线组成。

（2）变量名不能包含标点符号和空格，长度不能超过 255。

（3）变量名不能使用 Visual Basic 的关键字（例如 Print、End、Sub 等）。

（4）变量名不区分大小写。例如，XYZ 和 xyz 是同一个变量名。

2. 变量的声明

（1）显式声明

显式声明语句形式如下：

Dim 变量名 [As 数据类型]

"As 数据类型"用于定义变量的类型，省略时，所声明的变量默认为 Variant 型。例如：

```
Dim a As Integer        '声明 a 为 Integer 型变量
Dim b                   '声明 b 为 Variant 型变量
```

注意：

1）一条 Dim 语句可以同时声明多个变量，各变量之间用逗号隔开。例如：

```
Dim a As Integer,b as Single,c as String,k
```

那么 a 为整型，b 为单精度型，c 为字符型，k 为变体型。

2）可以使用类型符来定义变量。例如，上面的语句等价于：

```
Dim a%, b!,c$,k
```

3）声明变长字符串类型变量。

格式：Dim 字符串变量名　As String

例如：

```
Dim s1 as String    '声明可变长字符串变量
```

4）声明固定长度的字符串变量。

格式：Dim 字符串变量名　As String*字符数

例如：

```
Dim s2 as String*20    '声明定长字符串变量可存放 20 个字符
```

对上例声明的定长的字符串变量 s2，若赋予的字符少于 20，则右补空格；若赋予的字符超过 20 个，则多余部分截去。

（2）隐式声明

在 VB 中，允许对变量未加声明而直接使用，这种方法称为隐式声明。所有隐式声明的变量都是 Variant 类型的。例如：

```
Dim m As Integer ,y As Single
    m = 100                'm 为整型
    y=1000/n               'n 隐式声明，初始值为 0
```

虽然隐式声明使用方便，但若用户一时疏忽而输错字符时，例如上面代码中把 m 写成 n，程序会把 n 当作新的变量，对该变量初始化为 0，运行时显示 "除数为零" 的错误，而且这种错误不能利用编译系统检查出来。因此，建议初学者在使用一个变量之前先声明它（即显式声明）的良好的编程习惯。

2.2　运算符和表达式

2.2.1　运算符

运算符是指 VB 中具有某种运算功能的操作符号。由运算符将相关的常量、变量、函数等连接起来的式子即为表达式。VB 中的运算符包括算术运算符、字符串运算符、关系运算符、逻辑运算符。

1. 算术运算符

算术运算符主要用于算术运算，在 VB 中有 8 个常用的算术运算符，见表 2-2。

表 2-2　算术运算符

运算符	含义	示例	结果	优先级
^	幂运算	5^2	25	1
-	负号	-7	-7	2

运算符	含义	示例	结果	优先级
*	乘	3*7	21	3
/	除	2/5	0.4	3
\	整除	2\5	0	4
Mod	取模（求余）	7Mod2	1	5
+	加	7+8	15	6
-	减	2.3-1	1.3	6

算术运算符两边的操作数应是数值型，若是数字字符或逻辑型，则自动转换成数值类型后再运算。

例如：

```
10-True            '结果是 11，逻辑量 True 转为数值-1，False 转为数值 0
False + 100 + "2"  '结果是 102
```

2. 字符串运算符

字符串运算符有"&"和"+"，它们的功能都是将两个字符串连接起来。在字符串变量后使用"&"时，变量与运算符"&"间应加一个空格。这是因为编译器会将符号"&"当成长整型的类型符。

例如：

```
"Visual Basic"+"程序设计"      '结果为"Visual Basic 程序设计"
"How are"   &"you!"           '结果为"How are you!"
```

连接符"&"和"+"的区别是：

"+"：两旁的操作数应均为字符型；若为数值型则进行算术加运算；若一个为数字字符，另一个为数值，则自动将数字字符转换为数值后进行算术加；若一个为非数字字符型，另一个为数值型，则出错。

"&"：连接两旁的操作数不论是字符型还是数值型，进行连接操作前，系统先将操作数转换成字符型，然后再连接。

3. 关系运算符

关系运算符是用来进行比较的运算符，其结果是一个逻辑值，若关系表达式成立，结果为 True（真），否则为 False（假）。Visual Basic 提供的关系运算符，如表 2-3 所列。

表 2-3　关系运算符

运算符	含义	示例	结果
=	等于	"ab"="AB"	FALSE
>	大于	10>2	TRUE
>=	大于等于	"abc">="abd"	FALSE
<	小于	50<25	FALSE
<=	小于等于	"123"<="4"	TRUE

续表

运算符	含义	示例	结果
<>	不等于	"ab"<>"AB"	TRUE
Like	字符串匹配	"abcde"Like"*bc*"	TRUE

注意赋值运算符"="是用来将等号右边表达式的值赋给左边的变量，而关系运算符"="用来判断两个运算对象是否相等，在进行关系比较时，还应注意以下规则：

（1）两个操作数都是数值型，按其大小进行比较。

（2）两个操作数都是字符型，则按字符的 ASCII 码值从左到右逐一进行比较。

（3）汉字字符大于西文字符。

（4）关系运算符的优先级相同。

（5）VB 中 Like 用于字符串的匹配比较。Like 后的表达式常使用通配符，用于模糊匹配。

？表示任何单一字符；

* 表示 0 个或多个字符；

表示任何一个数字（0～9）。

4. 逻辑运算符

逻辑运算符用于对操作数进行逻辑运算，逻辑运算结果是 True 或 False。操作数可以是关系表达式、逻辑类型常量或变量。除 Not 是单目运算外，And、Or、Xor 都是双目运算符。Visual Basic 提供的逻辑运算符如表 2-4 所列。

表 2-4　逻辑运算符

运算符	含义	说明	示例	结果	优先级
Not	取反	表达式值为 True 时，结果为 False，否则为 True	Not(2>5)	TRUE	1
And	与	两个操作数都为 True 时，结果为 True	("a">"d")And(2<5)	FALSE	2
Or	或	两个操作数有一个为 True 时，结果为 True	(1<>3)Or("d">"a")	TRUE	3
Xor	异或	两个操作数一个为 True 一个为 False 时,结果为 True，否则为 False	(3=7)Xor(7>5)	TRUE	3

2.2.2　表达式

1. 表达式的书写规则

表达式由变量、常量、运算符、函数和圆括号按一定的规则组成。在 VB 中书写表达式时，应遵循下列规则：

（1）乘号不能省略，例如 x 乘以 y 应写成：x*y。

（2）不能使用方括号或花括号，只能用圆括号。圆括号可以出现多个，但要配对。

（3）表达式从左至右在同一基准上写，无高低、大小之分。

例如： Sqr((2*x-y)-z)/(x*y)^3。

2. 优先级

当一个表达式中出现了多种不同类型的运算符时，不同类型的运算符优先级如下：

算术运算符>字符运算符>关系运算符>逻辑运算符

注意：对于多种运算符并存的表达式，可以增加圆括号来改变优先级或使表达式更清晰。

2.3　常用内部函数

函数是 Visual Basic 的一种程序模块，可以完成特定的功能。Visual Basic 提供了大量的内部函数，用户可在程序中直接调用。这些内部函数按功能可分为数学函数、字符串函数、转换函数、判断函数、日期时间函数等。

2.3.1　函数的调用格式

函数的调用格式是：函数名（[参数表]）。

例如：y=Sqr(x)。

参数表是可选项，有些函数不带参数，参数表中如果有多个参数，各参数之间以逗号分隔。参数可以是常量、变量或表达式。函数运算的优先顺序在算术运算符之前，在括号之后。

2.3.2　数学函数

数学函数用于各种数学运算，VB 提供了一批数学函数，在程序中通过调用该函数即可实现相应的功能。表 2-5 列出了常用数学函数。

表 2-5　常用数学函数

函数	含义	示例	结果
Abs	返回数的绝对值	Abs(-4.5)	4.5
Atn	返回弧度的反正切值	Atn(1)	0.785398163
Cos	返回弧度的余弦值	Cos(1)	0.540302306
Exp	返回 e 的指定次幂	Exp(1)	2.718281828
Ln	返回数的自然对数	Log(1)	0
Rnd	返回[0,1)之间的随机数	Rnd	0~1 之间的随机数
Sgn	返回数的符号值	Sgn(-6)	-1
Sin	返回弧度的正弦值	Sin(1)	0.841470985
Sqr	返回数的平方根值	Sqr(25)	5
Tan	返回弧度的正切值	Tan(1)	1.557407725

注意：

（1）Rnd 函数调用格式：Rnd(<数值表达式>)，其功能是求[0,1]之间的一个随机数。为了生成某个范围内的随机整数，将 Rnd 函数与 Int 函数配合使用，例如生成范围[a,b]区间的数，可以使用以下公式：

$$Int((b - a + 1) * Rnd + a)$$

（2）三角函数的参数为弧度。

2.3.3　字符串函数

VB 提供了丰富的字符串函数用于处理字符串信息。表 2-6 列出了常用字符串函数。

表 2-6　常用字符串函数

函数	含义	示例	结果
Len(s)	返回 s 的长度	Len("visual")	6
Left(s,N)	从 s 中左边起取 N 个字符	Left ("hello",2)	"he"
Right (s,N)	从 s 中右边起取 N 个字符	Right("hello",2)	"lo"
Mid(字符串,p[,n])	从第 p 个字符开始取 n 个字符	Mid("ABCDE",3,2)	"CD"
Instr([p,]s1,s2)	在 s1 中从 p 开始找 s2，省略 p 则从头开始找，返回 s2 起始位置，找不到返回 0	Instr(3,"howareyou","o")	8
String(N,s)	返回 N 个 s 中第一个字符组成的字符串	String(2,"abc")	"aa"
Space(N)	返回 N 个空格组成的字符串	Space (2)	"　"
Ltrim (S)	删除 S 左端的空格	Ltrim("　VB")	"VB"
Rtrim(S)	删除 S 右端的空格	Rtrim("VB　")	"VB"
Trim(S)	删除 S 左右端的空格	Trim("　VB　")	"VB"
Lcase(s)	将 s 从大写字母变为小写字母	Lcase("VB")	"vb"
Ucase(C)	将 C 从小写字母改为大写字母	Ucase("xyz")	"XYZ"
StrReverse(C)	将 s 逆序排列	StrReverse("abc")	"cba"

2.3.4　日期时间函数

日期时间函数用于进行日期和时间的处理。表 2-7 列出了常用日期时间函数。

表 2-7　常用日期时间函数

函数	含义	示例	结果
Date	返回系统日期	Date	2015-4-9
Day(d)	返回日期代号（1～31）	Day(#2015/5/20#)	20
Hour()	返回小时数（0～24）	Hour(#10:20:35 AM#)	10

续表

函数	含义	示例	结果
Minute(d)	返回分钟数（0～59）	Minute(#10:20:35 AM#)	20
Month(d)	返回月份（1～12）	Month(#2015/5/20#)	5
Second(d)	返回秒（0～59）	Second(#10:20:35 AM#)	35
Now	返回系统日期和时间	Now	2015/4/9 10:20:35
Time	返回系统时间	Time	10:20:35
WeekDay(d)	返回星期数（1～7）。星期日为1，星期一为2	Weekday(#4/9/2015#)	5
Year(d)	返回年度数	Year(#2015/5/20#)	2015

2.3.5　类型转换函数

类型转换函数一般用于数据类型、形式或数制的转换。表 2-8 列出了 VB 的常用类型转换函数。

表 2-8　常用类型转换函数

函数	含义	示例	结果
Asc(s)	返回字符串首字符的 ASCII 码值	Asc("Abc")	65
Chr(n)	返回数值对应的 ASCII 码字符	Chr(97)	a
Str(n)	将数值型转换为字符型	Str(323.1)	323.1
Val(n)	数字字符串转换为数值	Val("12CD")	12
Hex(n)	十进制转换成十六进制	Hex(200)	C8
Oct(n)	十进制转换成八进制	Oct(60)	74
Fix(n)	返回数的整数部分（直接取整）	Fix(30.8)	30
Int(n)	返回不大于给定数的最大整数	Int(-30.8)	-31
Round(x,n)	按四舍五入原则对 x 保留 n 位小数。省略 n 时，对 x 四舍五入取整	Round(3.578,2)	3.58

注意：

（1）Str()函数将非负数转换成字符类型后，会在转换后的字符串左边增加一空格。例如表达式：Str(323.1)的结果为" 323.1"而不是"323.1"。

（2）Val()将数字字符串转换为数值类型时，如遇到非数值型字符则停止转换。例如表达式：Val("-12cd3")结果为-12。

2.3.6　其他函数

1. Spc 函数

格式：Spc(n)。

功能：在下一个数据输出之前插入 n 个空格。

例如：

Print "VisualBasic"; Spc(3); "程序设计"

输出结果为：

VisualBasic□□□程序设计

其中□代表空格。

2. Tab 函数

格式：Tab[(n)]

功能：输出的数据定位到 n 列指定的位置，如省略 n，则在下一行首位置输出；如当前位置大于 n，则在下一行的 n 列输出；如 n<1，则默认输出位置为 1；如 n 大于行宽则输出位置为：n Mod 行宽。

例如：

Print Tab(-7); "10", Tab(7); "20", Tab(4); "30"

运行结果如图 2-1 所示，在第 1 列输出 10，下一行第 7 列输出 20，下一行第 4 列输出 30。

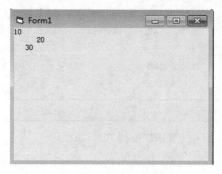

图 2-1　Print 运行示例

2.4　InputBox、MsgBox 函数和 Print 方法

2.4.1　InputBox 函数

输入对话框一般用 InputBox 函数来生成。用于在程序运行中，让用户输入一些文本信息。

1. 格式

InputBox（<提示字符串>[，<标题字符串>][，<文本框显示的缺省值>][，x][，y]）

2. 功能

显示一个含<提示字符串>的对话框，让用户在文本框中输入文本信息，单击"确定"或按回车键，则返回文本框内容，单击"取消"则返回一个空串。

3. 说明

（1）<提示字符串>：为字符型表达式，其值出现在输入对话框中。最大长度为 1KB。

若要分行显示,不能直接按回车键,用"+"或"&"连接 Chr(13)或 Chr(10)或 Chr(13)&Chr(10)插入在分行处（Chr(13)表示回车，Chr(10)表示换行）。

（2）[<标题字符串>]：决定对话框标题栏显示的内容。可以是字符型表达式。缺省时，标题栏显示应用程序名。

（3）[，<文本框显示的缺省值>]：决定了文本框初始显示并被选中的文本内容。

作为无输入时的默认返回值。缺省时文本框为空。可以是字符型表达式。

（4）[，x]：决定对话框左边与屏幕左边的距离。缺省时对话框呈水平居中状态。可以是数值型表达式。

（5）[，y]：决定对话框上边与屏幕上边的距离。缺省时对话框显示在垂直下 1/3 的位置。

例如下列语句：

```
Dim name As String
name$ =InputBox("请输入您的"+Chr(13)+ "性别", "性别输入框", "男")
```

将产生如图 2-2 所示的输入对话框。默认值是男，当用户在对话框中输入文本后，单击"确定"按钮，输入的文本会赋值给变量 name$。

图 2-2　InputBox 运行示例

2.4.2　MsgBox 函数

消息对话框一般用 MsgBox 函数生成（比自行设计窗体来得方便）。用于在程序运行过程中，对用户提示一些简短的信息，并根据用户的选择回答进行相应的处理。

1. 格式

MsgBox（<提示字符串> [，<图标按钮类型值>] [，<标题字符串>]）

2. 功能

按指定格式，输出一个含<提示字符串>的对话框，供用户进行选择处理。

3. 说明

（1）<提示字符串>：为字符型表达式，其值显示在消息对话框中。字符串长度≤1KB。若要分行显示，应在分行处用"+"或"&"连接 Chr(13)（回车符）或 Chr(10)（换行符）或二者组合。

（2）[<图标按钮类型值>]：缺省值为 0，决定 MsgBox 对话框上按钮的数目、类型及图标类型、默认按钮，是各种类型值的总和。见表 2-9 所示按钮类型及对应的值，表 2-10 所列图标类型及对应的值，表 2-11 所列默认按钮及对应的值。

表 2-9　按钮类型及对应值

值	符号常量	显示的按钮
0	vbOKOnly	"确定"
1	vbOKCancel	"确定"和"取消"
2	vbAbortRetryIgnore	"终止""重试"和"忽略"
3	vbYesNoCancel	"是""否"和"取消"
4	vbYesNo	"是"和"否"
5	vbRetryCancel	"重试"和"取消"

表 2-10　图标类型及对应值

值	符号常量	显示的按钮
16	vbCritical	❌ 停止图标
32	vbQuestion	❓ 问号图标
48	vbExclamation	⚠ 警告信息图标
64	vbInformation	ℹ 消息图标

表 2-11　默认按钮及对应值

值	符号常量	默认的活动按钮
0	vbDefaultButton1	第一个按钮
256	vbDefaultButton2	第二个按钮
512	vbDefaultButton3	第三个按钮

（3）单击不同按钮后，MsgBox 的返回值不同，见表 2-12 所列 MsgBox 函数返回值。

表 2-12　MsgBox 函数返回值

值	符号常量	对应的按钮
1	vbOK	确定
2	vbCancel	取消
3	vbAbort	终止
4	vbRetry	重试
5	vbIgnore	忽略
6	vbYes	是
7	vbNo	否

（4）[<标题字符串>]：决定消息对话框标题栏中显示的内容。可以是字符型表达式。缺省时，标题栏显示应用程序名。

（5）若不需要返回值，MsgBox 函数可以写成语句格式：

MsgBox <提示字符串>[，<图标按钮类型值>][，<标题字符串>]

例如：I = MsgBox("密码输入有误!", 2 + 48 + 512, "警告")

执行后的界面如图 2-3 所示。

图 2-3　MsgBox 消息对话框运行示例

2.4.3　Print 方法

1.　格式

[对象.]Print [定位函数] [表达式列表] [分隔符]

2.　功能

Print 方法用于在对象上输出信息。

3.　说明

（1）对象可以是窗体、图形框或打印机，若省略对象，则在当前窗体上输出。

（2）定位函数可以用 Spc(n)在输出时插入 n 个空格；用 Tab(n)定位于从对象左端起的 n 列输出。

（3）分隔符可以用分号";"或逗号","来表示输出后光标的定位。分号";"光标紧跟前一项输出；逗号","光标定位在下一个显示区（每个显示区占 14 列）的开始位置处。若表达式列表后没有分隔符，则表示输出后换行。

例如：

```
m = 12
n = 13
Print "m="; m, "n="; n
```

输出结果如图 2-4 所示。

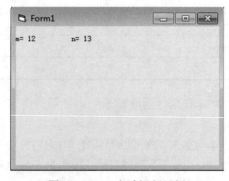

图 2-4　Print 方法运行示例

习题二

一、选择题

1. 下列可作为 Visual Basic 变量名的是（　　）。

　　A）4b　　　　　　　　B）m1　　　　　　　　C）#k　　　　　　　　D）Print

2. 输入圆的半径 r（可能为小数），则 r 定义正确的是（　　）。

　　A）Dim r As Integer　　　　　　　　B）Dim r As Long

　　C）Dim r As Single　　　　　　　　D）Dim r As Single

3. 表达式 3 * 3 ^ 2 + 4 * 2 \ 5 + 3 ^ 2 的值是（　　）。

　　A）37.6　　　　　　B）91.6　　　　　　C）36　　　　　　　　D）37

4. 以下不能输出"Program"的语句是（　　）。

　　A）Print　Mid("VBProgram", 3, 7)　　　　B）Print　Right("VBProgram", 7)

　　C）Print　Mid("VBProgram", 3)　　　　　D）Print　Left("VBProgram", 7)

5. 若 a = 4: b = 5: c = 6，执行语句 Print a<b And b<c 后，窗体上显示的是（　　）。

　　A）True　　　　　　B）False　　　　　　C）出错　　　　　　　D）0

6. 下列能正确产生[1,30]之间的随机整数的表达式是（　　）。

　　A）1+rnd(30)　　　B）1+30*rnd()　　　C）rnd(1+30)　　　D）int(rnd()*30)+1

7. 设 A=3，B=5，则以下表达式值为真的是（　　）。

　　A）A>=B And B>10　　　　　　　　B）(A>B) Or (B>0)

　　C）(A<0) And (B>0)　　　　　　　　D）(-3+5>A) And (B>0)

8. 设 A="Visual Basic"，下面使 B="Basic"的语句是（　　）。

　　A）B=Left(A,8,12)　　　　　　　　B）B=Mid(A,8,5)

　　C）B=Rigth(A,5,5)　　　　　　　　D）B=Left(A,8,5)

9. 执行语句 S=Len(Mid("Visualbasic",1,6))后，S 的值是（　　）。

　　A）Visual　　　　　　B）Basic　　　　　　C）6　　　　　　　　D）11

10. 以下关系表达式中，其值为 False 的是（　　）。

　　A）"ABC">"Abc"　　　　　　　　　B）"The"<>"They"

　　C）"VISUAL"=Ucase("Visual")　　　　D）"Integer">"Int"

二、填空题

1. 产生[1,50]之间的随机整数的表达式是_____。

2. String(3, "Hello")的功能是_____。

3. Len("VB 程序设计")=_____。

三、编程题

利用 InputBox 输入框接收用户输入的英文字符串，然后将其全部转换成大写在窗体打印输出。

3

Visual Basic 语言进阶

学习目标：
- 掌握 VB 程序设计的基本控制结构，具有运用三种基本结构进行程序设计的基本能力
- 掌握几种常用的算法描述方法，会用传统流程图描述一个具体的算法
- 熟悉数组的概念，具有运用数组解决问题的能力

3.1 VB 的基本控制结构

VB 融合了面向对象和结构化程序设计思想，具有三种基本的控制结构：**顺序结构、选择结构**和**循环结构**。利用这三种基本控制结构，可以编写出各种复杂的**应用程序**。

3.1.1 顺序结构

在顺序结构中，程序的各语句是严格按书写顺序自顶向下依次被执行的。如图 3-1 所示的顺序结构的流程图包含三个语句模块，按顺序自顶向下先执行语句 1，其次是语句 2，最后执行语句 3。一般在程序设计语言中，顺序结构的语句主要是赋值语句、输入和输出语句等。

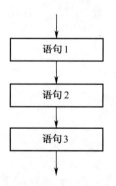

图 3-1　顺序结构流程图

1. 赋值语句

赋值语句是程序中最常用的语句，赋值语句的格式如下：

[Let]　变量名 = 表达式　　或　[Let]　[对象名.]属性名 = 表达式

功能： 先计算出赋值号右边表达式的值，再将值赋给赋值号左边的变量或对象属性。Let 表示赋值，符号"="为赋值号。方括号"[]"括起来的表示可以省略。

例如：

```
Let  a=365.56          '将数值 365.56 赋给变量 a
Form1.Caption="欢迎"     '将字符串"欢迎"赋给窗体 Form1 的标题属性 Caption
x=Val(Text1.Text)       '将文本框 Text1 的数据转换成数值赋给变量 x
```

【例 3-1】 输入一个两位数，将该数个位与十位上的数字交换位置成为一个新数并显示在窗体上。

分析：要交换两位数（如 98）的个位与十位上数字的位置，关键是从这个两位数中分解出个位与十位上的数字，分解的方法很多，这里分解出十位上的数字可以使用 INT()函数。

操作步骤如下：

（1）创建一个工程，设置窗体 Form1 的 Caption 属性为"交换两位数"。

（2）编写窗体 Form1 的单击事件过程（Click）代码如下：

```
Private Sub Form_Click()
    a = InputBox("输入一个两位数:")
    Print "    原两位数:";a
    x = Int(a / 10)
    y = a - x * 10
    Print "  交换后的数:"; y * 10 + x
End Sub
```

运行结果如图 3-2 所示。

图 3-2　例 3-1 运行结果

说明：

（1）赋值语句中表达式只能出现在赋值号"="的右边，表达式的值可以是任何类型的数据，也可以是常量，但一般与赋值号左边的变量的数据类型相一致。当这两种数据类型不同时，VB 系统将按以下方法处理：

- 当表达式的值与变量的精度不同时，系统将强制转换赋值号右边表达式的数据类型。
  例如：

  ```
  a1% = 6.845      '变量 a1 为整型，表达式的值经四舍五入后再赋给 a1，结果是 7。
  x! = 6.2831528#  '变量 x 为单精度型，赋值结果为 6.283153，有效位降低为 7 位。
  ```

- 当把字符串赋值给数值型变量时，系统会将字符串自动转换成数值再赋值，但当字符串中包含非数字字符或是一空串时，则出错。例如：

  ```
  a% = "31.456"    '变量 a 中的结果是 31。
  a! = "31.456"    '变量 a 中的结果是 31.456。
  ```

```
a% = "31xy34"          '出现"类型不匹配"错误。
a% = "     "           '出现"类型不匹配"错误。
```

- 当把逻辑值赋给数值变量时，True 转换为-1，False 转换为 0；把数值型值赋给逻辑变量时，非 0 值转换为 True，0 转换为 False。例如：

```
Dim BL As Boolean          '声明变量 BL 为逻辑型。
BL = 5                     '变量 BL 中的数据为 True。
```

- 任何非字符型的数据赋值给字符型变量时，将被转换成字符型。

（2）赋值号左边的变量名只能是变量或对象属性，不能是常量、函数或表达式。例如，以下的赋值语句都是非法的：

```
Val(1.23) = a             '左边是函数
9 = a + 1                 '左边是常数
a + 1 = 8                 '左边是表达式
```

（3）赋值语句中的赋值号与数学中的等号不是一个概念，在程序中赋值号表示一个操作，如 a = 5 应读作"将数值 5 赋给变量 a"，实际上是把数值 5 存入名字为 a 的存储单元中。数学上的意义是等号左右两边的值相等，而赋值语句"i=i+1"表示把变量 i 的数值加 1 后再赋值给变量 i，它在数学中是不成立的。

（4）表达式中的变量必须是赋过值的，否则变量的初值自动取零值（变长字符串变量取空字符）。例如：

```
x=5
z=x*2+y            'y 未赋值，为 0
```

执行后 z 的值为 10。

若一个变量在执行过程被多次赋值，则结果为最后一次的赋值。例如：

```
x=5
x=10
```

则结果 x 值是 10。

（5）不能用一个赋值语句同时给多个变量赋值。例如，下面的赋值语句是错误的：

```
Dim a As Long, b As Long, c As Long
a = b = c = 10
```

程序执行时会把 b = c = 10 看成是关系表达式，它的值是 False，再将其转换后赋给变量 a，结果 a 的值是 0。

【例 3-2】编写程序交换两个文本框中的数据。

分析：交换两个文本框或两个变量的数据，都必须借助于一个中间变量，如变量 Temp，先将第一个文本框中数据赋值给 Temp，再将第二个文本框的数据赋值给第一个文本框，最后将 Temp 变量的数据赋值给第二个文本框，即可实现交换两个文本框中的数据。操作如下：

图 3-3　交换数据例题

（1）创建一个窗体，在窗体上建立两个标签：数据 1、数据 2，两个文本框和一个"交换"命令按钮，如图 3-3 所示。

（2）"交换"命令按钮的单击事件代码如下：

```
Private Sub Command1_Click()
    Dim Temp As String
    Temp = Text1.Text
```

```
        Text1.Text = Text2.Text
        Text2.Text = Temp
End Sub
```

2. 注释语句 Rem

为了提高程序的可读性，通常可以在程序适当位置加上必要的注释。

格式：Rem 注释内容　　或　　'注释内容

功能：在程序中加注释内容。

说明：引号开头的注释语句可以作为独立的行，也可以放在行尾；Rem 注释语句只能是一个独立的行。

例如：

```
Rem 摄氏温度与华氏温度转换
c=Val(Text1.Text)       '变量 c 的值为摄氏温度
f=9*c/5+32              '转换成华氏温度
```

3. 结束语句 End

格式：End

功能：结束程序运行，清除所有变量，并关闭所有数据文件。

4. 暂停语句 Stop

在调试程序中用于暂停语句执行，以便让用户检查运行中的某些动态信息。

格式：Stop

功能：暂停程序的运行。

3.1.2　分支结构

分支结构也称为选择结构，它是根据给定的条件进行判断或比较，并根据判断的结果采取相应的操作。在 VB 中，分支结构分为单分支、双分支、多分支结构和分支嵌套等几种形式。

1. 单分支结构

单分支结构语句有单行结构和块结构两种用法。

（1）单行结构格式：

If　条件表达式　Then　语句行

（2）块结构格式：

If　条件表达式　Then
　语句组
End If

功能：根据给定的条件表达式进行判断，若表达式的值为 True，则执行 Then 后面的语句行或语句组；若表达式的值为 False，则不执行 Then 后面的语句，程序转到单分支结构之后去执行其他的语句。单分支结构的控制流程图如图 3-4 所示。

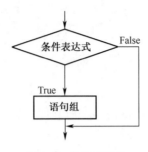

图 3-4　单分支结构

例如，要根据成绩变量（Cj）来统计成绩合格的人数（HgRs），实现的语句是：

If Cj >= 60 Then HgRs = HgRs + 1

说明：

（1）条件表达式可以是关系表达式、逻辑表达式或数值表达式，按表达式的值非零为 True，零为 False 进行判断。

（2）单行结构必须是一行。Then 后面直接跟语句行，不能换行。语句行可以是一条语句，也可以是几条语句。多条语句时，用英文冒号"："分隔。

（3）块结构必须以 End If 作为结束标志。Then 后面也必须换行，再书写语句组的语句。语句组可以是一条语句，也可以是几条语句。

【例 3-3】 已知两个变量 x 和 y，如果 x 值小于 y 值，则两者进行数据交换，否则不交换，试编写其实现的程序代码。

窗体的单击事件过程代码如下：

（1）使用单行结构：

```
Private Sub Form_Click()
    x=5:y=10
    Print x,y
    If x < y Then    t = x:x = y:y = t
    Print x,y
End Sub
```

（2）使用块结构：

```
Private Sub Form_Click()
    x=5:y=10
    Print x,y
    If x < y Then
      t = x
      x = y
      y = t
    End If
    Print x,y
End Sub
```

【例 3-4】 已使用 InputBox()函数输入三个数，在窗体上输出这三个数中最小的数。

分析：设变量 min 保存最小的数，使用 InputBox()函数输入第一个数并赋值给 x 和 min，再输入第二个数赋值给 x，此时比较 x 和 min 的大小，如果 x 小于 min，则 x 的值赋给 min，否则不做处理。然后输入第三个数赋值给 x，再比较 x 和 min 的大小，如果 x 小于 min，则 x 的值赋给 min，否则不做处理。最后输出最小值 min。

编写窗体 Form1 的单击事件代码如下：

```
Private Sub Form_Click()
 Dim x, Min As Integer
 x = InputBox("请输入数：")
 Min = x
 Print "第一个数:"; x
 x = InputBox("请输入数：")
 Print "第二个数:"; x
 If x < Min Then Min = x
 x = InputBox("请输入数：")
 Print "第三个数:"; x
  If x < Min Then
    Min = x
  End If
 Print "最小数:"; Min
End Sub
```

运行结果如图 3-5 所示。

2. 双分支结构

单分支语句仅在条件为 True 时，指明具体要执行什么语句，而当条件为 False 时，则未作说明。如果条件表达式的值为 False 时，也要求执行一段特定的代码，可使用双分支语句来实现。

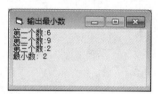

图 3-5　例 3-4 运行结果

格式：

```
If   条件表达式   Then
     语句块 1
Else
     语句块 2
End If
```

功能：首先对给定的条件表达式进行判断，若条件表达式的值为 True，则程序就执行 Then 后面的语句块 1，执行完毕后，再跳到 End If 后面去执行其他语句；若表达式的值为 False，则执行 Else 之后的语句块 2，然后再执行 End If 后面的其他语句，其流程图如图 3-6 所示。

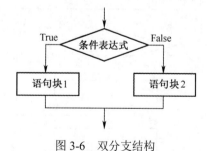

图 3-6　双分支结构

【例 3-5】试编程实现：输入一个整数，判断该数的奇偶性，并输出提示信息。

分析：使用 InputBox()函数输入数后，可以使用双分支结构判断该数的奇偶性，输出奇偶性提示信息可以使用信息函数 MsgBox()或信息框 MsgBox。

编写窗体的单击事件代码如下：

```
Private Sub Form_Click()
    Dim x As Integer
    x = InputBox("请输入整数：")
    If   x   Mod   2 <> 0   Then
        MsgBox   x & "是奇数!"
    Else
        MsgBox   x & "是偶数!"
    End If
End Sub
```

【例 3-6】输入三个数 a、b、c，求其中的最大数。试编写程序。

分析：创建窗体如图 3-7 所示。设置 4 个文本框，分别输入三个数 a、b、c 和显示最大数；1 个"计算"命令按钮，单击时计算并输出最大数。设变量 Max 保存其中的最大数。程序流程如图 3-8 所示。

图 3-7　输出最大数

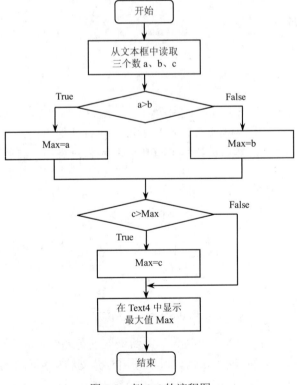

图 3-8　例 3-6 的流程图

命令按钮 Command1 的 Click 事件过程代码如下：

```
Private Sub Command1_Click()
    Dim a As Integer, b As Integer, c As Integer
    Dim Max As Integer
    a = Val(Text1.Text)
    b = Val(Text2.Text)
    c = Val(Text3.Text)
    If a < b Then
        Max = b
    Else
        Max = a
    End If
    If c > Max Then Max = c
    Text4.Text = Max
End Sub
```

当输入 15、58、25 三个数时的运行结果如图 3-7 所示。

3. IIf()函数

IIf()函数可以用来执行一些简单的条件判断操作。IIf 函数的语法格式是：

变量 = IIf (条件表达式，表达式 1，表达式 2)

IIf 函数的功能是：当条件表达式的值为 True 时，返回表达式 1 的值，否则返回表达式 2 的值。"表达式 1"和"表达式 2"都可以是表达式、变量或者其他函数。

【例 3-7】根据 x 的值，使用 IIF()函数计算 y 的值：

$$y = \begin{cases} 1 + x & (x \geq 0) \\ x^2 - 1 & (x < 0) \end{cases}$$

编写窗体 Form1 的单击事件程序代码如下：

```
Private Sub Form_Click()
    Dim x,y As Single
    x=InputBox("请输入 x 的值:")
    y=IIf(x>=0, 1+x, x^2-1)
    Print "x=";x, "y=";y
End Sub
```

实际上，y= IIf(x>=0, 1+x, x^2-1)相当于语句：

```
If  x>=0 Then y= 1+x Else y=x^2-1
```

4. If 语句的嵌套

如果在 If 语句的语句块 1 或语句块 2 中又包含 If 语句，则称为 If 语句的嵌套。

【例 3-8】某企业销售产品的优惠措施规定如下：

凡购买其产品不超过 10 吨，每吨产品的价格为 1500 元；购买超过 10 吨但不超过 15 吨，超过的部分每吨价格 1200 元；购买超过 15 吨，超过 15 吨的部分每吨价格 1000 元。编写程序，输入客户购买产品重量，计算并显示应付货款。

分析：设购买产品重量为 x 吨，应付货款为 y 元，根据本题要求的计算方法为

$$y = \begin{cases} 1500x & (x \leqslant 10) \\ 1500 \times 10 + 1200 \times (x-10) & (10 < x \leqslant 15) \\ 1500 \times 10 + 1200 \times 5 + 1000 \times (x-15) & (x > 15) \end{cases}$$

程序流程如图 3-9 所示。

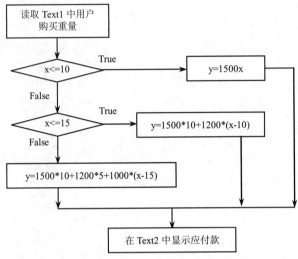

图 3-9　例 3-8 程序流程图

操作步骤如下：

（1）创建一个工程，窗体 Form1 界面如图 3-10 所示，设置两个 Caption 属性值分别为"购买数量(吨)："、"应付款(元)："的标签，用于输入购买数量和输出计算结果的两个文本框，一个"计算"命令按钮 Command1，单击时计算并输出结果。

图 3-10　例 3-8 窗体

（2）编写 Command1 的 Click 事件过程序代码如下：

```
Private Sub Command1_Click()
    Dim x As Single, y    As Single
    x = Val((Text1.Text))
    If x <= 10 Then
        y = 1500 * x
    Else
        If x <= 15 Then
            y = 1500 * 10 + 1200 * (x - 10)
        Else
            y = 1500 * 10 + 1200 * 5 + 1000 * (x - 15)
```

```
        End If
      End If
    Text2.Text= Str(y)
End Sub
```

If 语句的嵌套格式有以下几种形式：

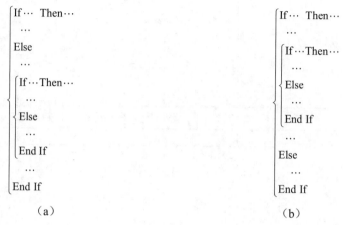

（a）　　　　　　　　　　（b）

在实际问题中，经常会出现多个条件判断的情况，由于语句嵌套层次越多，程序越冗长，不便阅读，容易出错。为此 VB 提供了多分支语句来简化程序。

5. 多分支结构

多分支结构既可以用 If…Then…ElseIf 语句实现，也可以用 Select Case 语句实现。

（1）If…Then…ElseIf 语句

格式：

```
If   条件表达式 1   Then
    语句块 1
ElseIf   条件表达式 2   Then
    语句块 2
…
[ Else
   语句块 n+1]
End If
```

功能： 依次对给定的条件表达式进行判断，哪个条件表达式的值为 True，则程序就执行该条件 Then 后面的语句块，然后跳到 End If 后面执行其他语句。当所有条件表达式的值都为 False 时，则执行 Else 后面的语句块。若省略最后的 Else 子句，则程序不需要做任何操作。其流程图如图 3-11 所示。

说明：

（1）ElseIf 语句可以有多个，一般是在 Else 之前。

（2）如果有多个条件表达式的值都为 True，程序只执行第一个条件表达式值为 True 的语句块，其他的都不再执行。

【例 3-9】 编程将学生的百分制成绩转换成等级制，90 分以上（包括 90）为 A，80～90 分（包括 80）为 B，70～80 分（包括 70）为 C，60～70 分（包括 60）为 D，60 分以下为 F。

分析：由于给定的条件有 5 种情况，故应选用多分支结构语句来编写程序。

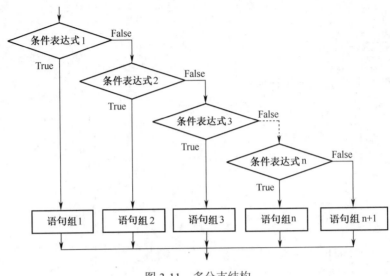

图 3-11　多分支结构

操作步骤如下：

1）建立一新工程。

2）编写窗体 Form1 的单击（Click）事件过程代码：

```
Private Sub Form_Click()
    Dim CJ As Single,Xm As String, DJ As String
    Xm = InputBox("请输入学生姓名：","姓名输入")
    CJ = InputBox("请输入学生成绩：","成绩输入")
    If CJ >= 90 Then
        DJ = "A"
    ElseIf CJ >= 80 Then
        DJ = "B"
    ElseIf CJ >= 70 Then
        DJ = "C"
    ElseIf CJ >= 60 Then
        DJ = "D"
    Else
        DJ = "F"
    End If
    Print xm,"的等级制成绩为："; DJ
End Sub
```

这里应特别注意的是，如果把多分支结构语句写成如下形式则是错误的：

```
If CJ >= 60 Then
    DJ = "D"
ElseIf CJ >= 70 Then
    DJ = "C"
ElseIf CJ >= 80 Then
    DJ = "B"
ElseIf CJ >= 90 Then
    DJ = "A"
Else
```

```
    DJ = "F"
End If
```

为什么？请读者思考。

对于更复杂、判断层次更多的问题，可以使用执行效率更高的多分支结构语句：Select Case。

（2）Select Case 语句

格式：

```
Select Case　变量或条件表达式
    Case 表达式列表 1
        语句块 1
    Case 表达式列表 2
        语句块 2
    ……
    [ Case Else
        语句块 n+1]
End Select
```

功能： 首先计算变量或条件表达式的值，然后将该值依次与各 Case 后面的表达式列表值进行比较，若与某一列表值相等，就执行与该 Case 相关联的语句块，执行完毕后，程序转到 End Select 之后的语句，不再与其他列表值进行比较。当所有表达式列表的值均不能与变量或条件表达式的值相匹配时，则执行 Case Else 后面的语句块。其程序控制流程图如图 3-12 所示。

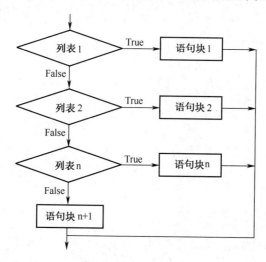

图 3-12　Select Case 多分支结构

说明：

（1）"变量或条件表达式"可以是数值型或字符串表达式。

（2）"表达式列表"必须与"变量或条件表达式"的类型相同。

（3）Case 子句的表达式列表中有多个项时，用逗号","隔开。如表 3-1 所列的几种形式。

表 3-1　表达式的形式

形式	说明	示例
表达式	数值或字符串表达式	Case x^2
表达式 To 表达式	指定一个数值从小到大的范围	Case 1 To 100 Case "A" To "Z"

续表

形式	说明	示例
Is 关系表达式	配合关系运算符来指定数值的范围	Case Is <100
表达式,表达式,……	用逗号分隔一组数据	Case　2, 4 ,6 ,8
以上形式的混合		Case　"a" To "n", Is "x" Case　2, 4 ,6 ,8, Is >10

【例 3-10】根据例 3-9 成绩等级规定，输入学生的成绩，使用 Select Case 语句编程判定学生该成绩的等级。

操作如下：

（1）创建一个新工程，在窗体上设置两个标签（Label1、Label2），一个文本框（Text1），一个"判定"命令按钮（Command1），如图 3-13 所示。

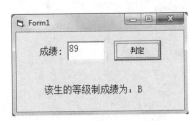

图 3-13　例 3-10 的窗体

（2）命令按钮（Command1）的单击事件（Click）。代码如下：

```
Private Sub Command1_Click()
Dim CJ As Single, DJ As String
CJ = Val(Text1.Text)
  Select Case CJ
    Case Is >= 90
        DJ = "A"
    Case Is >= 80
        DJ = "B"
    Case Is >= 70
        DJ = "C"
    Case Is >= 60
        DJ = "D"
    Case Else
        DJ = "F"
  End Select
Label2.Caption= "该生的等级制成绩为：" & DJ
End Sub
```

【例 3-11】使用多分支 Select Case 语句编写程序计算分段函数的值。

$$y = \begin{cases} x^2 & (x < -3) \\ 3x & (-3 \leqslant x < 0) \\ x^3 & (0 \leqslant x < 5) \\ 1/x & (5 \leqslant x < 100) \\ \sqrt{x} & (x \geqslant 100) \end{cases}$$

用 Select Case 语句编写的程序如下：

```
Private Sub Form_Click()
  Dim x As Single, y As Single
  x = InputBox("请输入 x 的值：", "输入")
```

```
        Select Case x
            Case Is >= 100
                y = sqr(x)
            Case Is >= 5
                y= 1/ x
            Case Is >= 0
                y = x^3
            Case Is >= -3
                y = 3*x
            Case Else
                y = x*x
        End Select
    Print "x="; x,"y="; y
End Sub
```

3.1.3　循环控制结构

在实际工程应用中，常常需要进行多次重复计算或数据操作，比如我们用计算机统计全校学生的成绩、计算职工的平均收入等，这时可以使用循环语句。循环是指在程序设计中，有规律地反复执行某一程序语句块的现象，被重复执行语句块称为"循环体"。使用循环可以避免重复不必要的操作，简化程序，节约内存，从而提高效率。VB 提供了两种类型的循环结构，一种是计数循环，另一种是条件循环。

1.　For…Next 循环

格式：

For 循环变量 = 初值 To 终值 [Step 步长]
　　[语句块 1]
　　[Exit For]
　　[语句块 2]
Next 循环变量

说明：

（1）循环变量、初值和终值都是必要参数，不能省略，它们必须为数值型。

（2）步长可以是正数或者负数。步长的值决定循环的执行情况：如果步长的值为正，则必须有初值小于或等于终值；否则，必须有初值大于或等于终值。步长的值为 1 时，Step 步长可以省略。

（3）语句块可以是一条语句，也可以是多条语句，通常称为循环体。循环体在循环过程中被反复执行。

（4）For…Next 循环是计数循环，通常用于循环次数确定的场合。一个 For 循环过程的循环次数计算公式是：**Int((终值 − 初值)/步长 + 1)**。

（5）Exit For 子句是可选项，它可以放置在循环体语句中的任何位置。程序在执行过程中遇到 Exit For 子句时，将强行退出循环去执行 Next 后面的语句。Exit For 子句常与条件判断语句配合使用，使得循环操作能在一些特殊场合下提前终止。

For 循环的流程图如图 3-14 所示，它的执行步骤是：

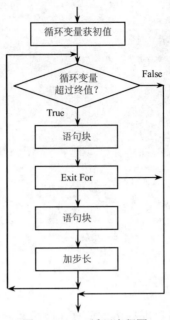

图 3-14　For 循环流程图

（1）设置循环变量的初值。

（2）判断循环变量的值是否超过所设定的终值，如果超过终值，则结束循环，去执行 Next 后面的语句。当步长为正时，超过是指循环变量的值第一次大于所设定的终值；当步长为负时，超过是指循环变量的值第一次小于所设定的终值。

（3）如果循环变量的值不超过所设定的终值，则执行夹在 For 与 Next 语句之间的语句块（循环体）。

（4）循环体执行完成后，循环变量自动增加一个给定的步长，然后转到步骤（2），继续循环。

【例 3-12】计算并显示 1+2+3+4+…+100 的和。

分析：计算 100 个自然数之和的程序设计思路流程图如图 3-15 所示。

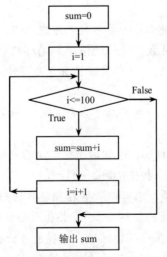

图 3-15　自然数累加和的流程图

窗体（Form1）的单击事件（Click）代码如下：

```
Private Sub Form_Click()
    Dim I As Integer              '声明循环变量为整型数
    Dim sum As Long               '声明求和变量为长整型数
    sum = 0                       '求和变量在循环外清零
    For I = 1 To 100 Step 1
        sum = sum + I             '循环累加
    Next I
    Print "sum="; sum             '输出结果
End Sub
```

提示：

- 本程序循环次数是 Int((100-1)/1+1)=100。循环结束时，循环变量 I 的值是 101，它是第一个超过终值 100 的值。
- 语句 sum=sum+I 称为累加器，每循环一次循环变量 I 累加一个增量值，通过该语句和循环次数求得 1～100 自然数的和。

请读者思考，若要求 1～100 之间的奇数或偶数的和，上述程序应如何修改？

【例 3-13】输入数 n，编程计算 n!（=1×2×3×…×n）。

分析：仿照例 3-11，这里乘积中的各项不能为零，因此 s 的初值为 1，循环变量 i 的值从 1 取到输入的数 n，如 n=10。

窗体（Form1）的单击事件（Click）代码如下：

```
Private Sub Form_Click()
    Dim I As Integer, n As Integer, s As Long
    s = 1
    n = InputBox("请输入 n 的值：", "输入")
    For I = 1 To n
        s = s * I
    Next I
    Print n;"!="; s
End Sub
```

【例 3-14】使用级数 $\frac{\pi}{4}=1-\frac{1}{3}+\frac{1}{5}-\frac{1}{7}+……$，计算并输出 π 的近似值，要求取前 5000 项来计算。

分析：根据级数表达式可知，各项的分母为奇数，可表示为 2i-1(i=1,2,...)；奇数项为正，偶数项为负，可设一个符号变量 c，奇数项为 1，偶数项为-1。因此，第 i 项为 c/(2i-1)(i=1,2,...)。π 的近似值为级数和的 4 倍。

窗体（Form1）的单击事件（Click）代码如下：

```
Private Sub Form_Click()
    Dim I As Integer, c As Integer, s As Single
    s = 0
    c = 1
    For I = 1 To 5000
        s = s + c / (2 * I - 1)
        c = -c
    Next I
    Print "π="; s * 4
End Sub
```

2．Do…Loop 循环

Do 循环既可以按照限定的次数执行循环，也可以根据循环条件的成立与否来决定是否执行循环，其使用方法比较灵活。Do 循环有两种语法格式，分别是前测型循环结构和后测型循环结构。

（1）前测型循环结构的语法格式：

Do [{ While|Until} 表达式]
　　[语句块 1]
　　[Exit Do]
　　[语句块 2]
Loop

（2）后测型循环结构的语法格式：

Do
　　[语句块 1]
　　[Exit Do]
　　[语句块 2]
Loop [{ While|Until} 表达式]

说明：

（1）前测型循环结构为先判断后执行，循环体可能一次也不执行；后测型循环结构为先执行后判断，循环体至少要被执行一次。

（2）关键字 While 用于指明条件为 True 时执行循环体一次；关键字 Until 用于指明条件为 False 时执行循环体一次。

（3）表达式是循环的条件，其值可以是 True 或 False。如果省略条件，则条件会被当做 False。

（4）如省略[{While|Until} 表达式]选项时，表示循环是无条件循环，此时循环体内必须要有 Exit Do 子句，否则就成了死循环，即循环会无终止地反复进行下去。

（5）与 For 循环不同，Do 循环结构没有专门的循环变量。

前测型循环结构的流程图见图 3-16，后测型循环结构的流程图见图 3-17。

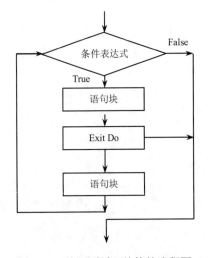

图 3-16　前测型循环结构的流程图

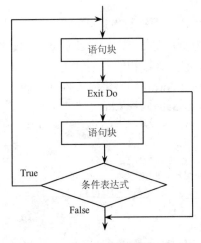

图 3-17　后测型循环结构的流程图

【例 3-15】编程计算 0～200 之间所有偶数之和。前面我们用 For 循环编写过类似的程序。如果用 Do 循环编写，可以有多种不同的编写方法，例如：

```
Private Sub Form_Click()
    Dim i As Integer, sum As Long
    sum = 0
    i = 2
    Do While i <= 200
      sum = sum + i
      i = i + 2
    Loop
    Print "0～200 之间的所有偶数之和为："; sum
End Sub
```

上面的循环结构也可以写成：

```
Do Until i > 200
    sum = sum + i
    i = i + 2
Loop
```

上述两段程序都使用的是前测型循环结构，但循环条件的关键字不同，因而条件表达式也不同。我们也可以使用后测型循环结构来编写本程序中的循环：

```
Do
    sum = sum + i
    i = i + 2
Loop Until i > 200
```

或者：

```
Do
    sum = sum + i
    i = i + 2
Loop While i <= 200
```

上述四种编写方法得到的计算结果是一致的。由此可见，对于相同的问题，编写计算程序的方法可以是多种多样的。

【例 3-16】用一张厚度为 0.5 毫米面积足够大的薄板不断对折，问对折多少次才能达到或刚好超过 8480 米。请编写程序来实现。

分析：假设薄板的初始厚度为 h，对折次数为 n，初值为 0。第一次对折后，薄板的厚度为 2h，n 为 1；第二次对折后，薄板的厚度为 4h，n 为 2；这样下去，当多次对折后薄板的厚度达到或刚好超过 8480 米，终止循环，这时 n 的值就是对折次数。可以使用 Do…Loop 循环语句来实现。

窗体的单击事件代码如下：

```
Private Sub Form_Click()
    Dim h As Double, n As Integer
    h = 0.5
    n = 0
    Do
      h = 2 * h
      n = n + 1
      If   h >= 8480000 Then Exit Do
```

```
        Loop
        Print "对折次数："; n, "实际高度:"; h / 1000; "米"
    End Sub
```

【例 3-17】只能被 1 或自身整除的整数称为素数。在窗体上的文本框中输入一个大于 2 的整数，编写程序当单击窗体时判断该数是否是素数。若是素数，则显示该数"是素数"提示信息；否则，显示该数"不是素数"提示信息，并分解成两个因数之积的形式。

分析：要判断一个整数 m 是否是素数，通常是用该数除以 2、3、…、m-1，如果该数能被这其中的一个数整除，则说明该数不是素数，否则一定是素数。为了减少运算次数，可以用该数除以 2 到该数的平方根之间的每一个整数即可。

操作步骤如下：

（1）创建一个工程，窗体上设置一个文本框（Text1），文本框用于输入整数，单击窗体 Form1 判断所输入的数是否是素数，并显示相应的提示信息。

（2）用前测型 Do 循环结构编写窗体 Form1 的 Click 事件代码如下：

```
Private Sub   Form_Click()
    Dim m As Long, n As Integer, k As Integer
    m = Val(Text1.Text)
    n = Sqr(m)
    k = 2
    Do Until k > n
        If m Mod k = 0 Then    '如果能被某数整除就退出循环
            Exit Do
        Else
            k = k + 1
        End If
    Loop
    If k > n Then           'k > n 说明 m 不能被任何数整除，循环是正常结束
        MsgBox m & "是素数", , "信息"
    Else
        MsgBox m & "不是素数" & Chr(13) & m & "=" & k & "*" & m / k, , "信息"
    End If
End Sub
```

运行结果如图 3-18 所示。

图 3-18   判断素数运行结果

3. While…Wend 循环

格式：

While 条件表达式

[语句块]

Wend

While…Wend 循环结构的特点是，只要给定的条件表达式的值为 True，程序就重复执行 While 和 Wend 之间的语句块，其流程图如图 3-19 所示。

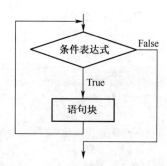

图 3-19　While…Wend 循环流程图

【**例 3-18**】利用公式 $e = 1 + \dfrac{1}{1!} + \dfrac{1}{2!} + \dfrac{1}{3!} + \cdots + \dfrac{1}{n!}$ 可以求出自然对数的底 e 的近似值，要求累加到最后一项的值小于 0.000001 为止。请用 While…Wend 循环结构编写程序。

分析：由 e 的近似值计算公式可知，$\dfrac{1}{n!} = \dfrac{1}{(n-1)!} * \dfrac{1}{n}$，因为累加的项数是未知的，条件要求最后一项的值小于 0.000001 为止。所以可以用 While…Wend 语句编写程序。

编写窗体 Form1 的单击（Click）事件程序代码如下：

```
Private Sub Form_Click()
    Dim e As Double, p As Double, n As Integer
    e = 0
    p = 1
    n = 1
    While 1 / p >= 0.000001        '执行循环的条件
        e = e + 1 / p
        p = p * n                  'p 中存放每个阶乘值
        n = n + 1
    Wend
    Print "自然对数的底 e 的近似值为："; e
    Print "累加的项数"; n
End Sub
```

4. 多重循环

循环体内又包含另一个完整的循环结构被称为循环的嵌套或多重循环。在解决实际问题过程中常需要用到多重循环结构。

【**例 3-19**】编写程序在窗体上输出如图 3-20 所示的数字三角形。

分析：由图中可知，设行数为 i，每行的数字符号与行号相同，个数为 2i-1 个，下一行左边的空格比上一行少 1 个，因此可以使用 Chr() 函数取数字符号，通过双重循环来输出三角形。

```
        1
       222
      3333
     4444444
    555555555
```

图 3-20　数字三角形

编写窗体单击事件过程代码如下：

```
Private Sub Form_Click()
  Cls                    '清除窗体上显示的信息
  Print                  '输出一个空行
  For i = 1 To 5
      Print Spc(10 - i);    '打印由 Spc 函数值规定的空格
      For j = 1 To 2 * i - 1
         Print Chr(i + 48);    '打印三角形的数字符号
      Next  j
      Print
   Next   i
End Sub
```

提示：

（1）在使用多重循环时，当两个循环为嵌套关系时，所用的循环变量不能重名。

（2）对于双重循环，内循环体的执行次数等于外循环的执行次数乘以内循环的执行次数。

（3）外循环必须完全包含内循环，层次分明，不能交叉。以 For 循环为例：

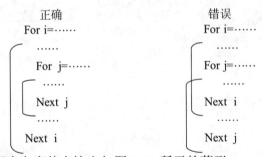

【例 3-20】编写程序在窗体上输出如图 3-21 所示的菱形。

图 3-21　星号菱形

分析：打印菱形的方法很多，它可以看作是由正三角形和倒三角形组合形成。因此可以用两个独立的循环结构分别打印正三角形和倒三角形来实现。

编写窗体单击事件过程代码如下：

方法 1：

```
Private Sub Form_Click()
```

```
    For i = 1 To 4
        Print Spc(20 - i);              '打印由 Spc 函数值规定的空格
        For j = 1 To 2 * i - 1
          Print "*";                    '打印每行的"*"号
        Next   j
        Print
    Next   i
    For i = 5 To 1 Step -1              '步长为-1
        Print Spc(20 - i);
        For j = 1 To 2 * i - 1
          Print "*";
        Next   j
        Print
    Next   i
End Sub
```

方法 2:

```
Private Sub Form_Click()
    For i = -4 To 4
        Print Spc(20 - (5 - Abs(i)));       '打印由 Spc 函数值规定的空格
        For j = 1 To 2 * (5 - Abs(i)) - 1
          Print "*";                        '打印每行的"*"号
        Next j
        Print
    Next i
End Sub
```

【例 3-21】编写程序打印如图 3-22 所示的九九乘法表。程序如下:

```
Private Sub Form_Click()
Dim i As Integer, j As Integer
 Cls
 Print
 Print Tab(33); "九九乘法表"          '打印标题
 Print Tab(30); "***************"
 For i = 1 To 9
   For j = 1 To i
     Print Tab((j - 1) * 8 + 2); j & "×" & i & "=" & (i * j);
   Next j
 Next i
End Sub
```

图 3-22　九九乘法表

【例 3-22】编写程序，在窗体上输出 100～200 之间的所有素数。

在前面的例子中介绍了如何判断某一个数是否是素数，用单循环就可以实现，本例需要判断一系列数，故需要使用双重循环来实现，因为大于 2 的素数不可能是偶数，所以只需判断奇数是不是素数，程序如下：

```
Private Sub Form_Click()
    Dim n As Integer, m As Integer
    Dim k As Integer, x As Integer
    Cls
    Print
    Print "100～200 间的所有素数:"      '打印标题
    Print
    x = 0
    For n = 101 To 200 Step 2              '不判断偶数
        m = Int(Sqr(n))                    '求平方根并取整
        k = 2
        Do While k <= m
            If n Mod k = 0 Then            '如果能被某数整除就结束 Do 循环
                Exit Do
            Else
                k = k + 1
            End If
        Loop
        If k > m Then                      'k > m 表示 Do 循环正常结束找到一个素数
            Print Tab((x Mod 7) * 7 + (7 - Len(Str$(n)))); n;   '每行输出 7 个素数
            x = x + 1
        End If
    Next n
End Sub
```

程序运行结果如图 3-23 所示。

图 3-23　100～200 之间的素数

3.1.4　其他辅助控制语句

1. GoTo 语句

VB 保留了 GoTo 语句型控制。尽管 GoTo 语句会影响程序的质量，但在某些情况下还是有用的，大多数计算机程序设计语言都没有取消 GoTo 语句。但读者应注意的是，在结构化程序设计中要求尽量少用或不用 GoTo 语句，以免影响程序的可读性和可维护性。

　　GoTo 语句可以改变程序的执行顺序，跳过程序的某一部分去执行另一部分，或者返回已执行过的某语句使之重复执行。因此，用 GoTo 语句可以构成循环结构。GoTo 语句的语法格式是：

GoTo　标号|行号

　　功能：将程序执行的流程无条件地转移到标号或行号所在位置处向下执行。

　　其中，"标号"是一个以冒号结尾的标识符，而"行号"是一个整型数，它不以冒号结尾。标号必须以英文字母开头，以冒号结束；行号由数字组成，后面不能跟冒号。

　　【例 3-23】编写程序计算存款利息。设本金为 1000 元，年利率为 0.02，每年复利计息一次，求 10 年后本利合计是多少。

　　程序代码如下：

```
Private Sub Form_Click()
    Dim p As Currency, r As Single
    Dim t As Integer
    p = 1000
    r = 0.02
    t = 1
    Again:        '标号
    If   t > 10 Then GoTo 100
      i = p * r
      p = p + i
      t = t + 1
    GoTo Again
    100        '行号
    Print "10 后本利合计为："; p; "元"
End Sub
```

　　程序中"Again:"是标号，"100"是行号。

2.　On…Goto 语句

　　On…GoTo 语句类似于 Select Case 语句，用来实现多分支选择控制。它可以根据不同的条件从多种处理方法中选择一种。其语法格式为：

On 数值表达式 GoTo 标号列表|行号列表

　　功能：On…GoTo 语句的功能就是根据"数值表达式"的值的不同，把控制转移到几个指定的语句行中的一个。

　　"数值表达式"的值为 0～255 之间的整数；"标号列表"或"行号列表"可以是程序中存在的多个行号或标号，相互之间用逗号隔开。例如：

　　On x1 GoTo 30, 50, Start, Again

　　上条语句中，x1 是表达式，而 30、50 是行号，Start、Again 则是标号。On GoTo 语句的执行过程是：先计算"数值表达式"的值，将其四舍五入处理得一整数，然后根据该整数的大小来决定转移到列表中的第几个行号或标号执行程序。如果表达式的值为 1，程序就转到第一个行号或标号所指定的语句行，如果为 2，则转向第二个行号或标号所指的语句行，依此类推。如果"表达式"的值等于 0 或大于"行号列表"或"标号列表"中的项数，程序找不到适当的语句行，就自动执行 On GoTo 语句下面的可执行语句。

　　如进行成绩等级的转换，可以使用以下程序代码：

```
……
If cj>100 Then GoTo L5          '大于 100 成绩无效
If cj<0 Then GoTo L5           '小于 0 成绩无效
   On Int(cj/10)+1 GoTo L1,L1,L1,L1,L1,L1,L2,L3,L3,L4,L4
L1: Print "等级为:"& "不合格"
   GoTo L4
L2: Print "等级为:"& "合格"
   GoTo L4
L3: Print "等级为:"& "良好"
   GoTo L4
L4: Print "等级为:"& "优秀"
   GoTo L4
L5: ……
```

在 VB 中，On GoTo 语句完全可以用 Select Case 语句来代替，故一般不提倡使用 On …GoTo 语句。

3. On Error 语句

如果程序员认为在程序运行中可能会出现一些错误，希望在当前过程中使用专用程序段来处理错误时，可以使用 On Error 语句。Error 是指定的出错标志，一旦程序发生错误，该标志将不等于 0，程序员可以根据 Error 编写有关错误处理程序。On Error 语句有三种格式。

```
On Error GoTo line        '程序转移到行标 line 处执行错误处理
On Error GoTo   0         '禁止当前过程中任何已启动的错误处理程序
On Error Resume Next      '发生错误后，忽略错误继续执行下一条语句
```

3.2 数组

处理少量简单类型的数据，可以使用一个变量保存一个数据。但是在实际问题中往往是有大量的数据，需要成批地进行处理，如果仍然用简单变量进行处理就很不方便，甚至是不可能的。例如，处理 1000 个学生的考试成绩，如果用 1000 个变量分别保存每个学生的成绩，如果学生人数、课程门数更多，就需要更多的变量保存，操作起来就变得更麻烦。这就需要使用数组来处理问题。使用数组可以缩短和简化程序，提高程序的运行效率。

3.2.1 数组的基本概念

1. 数组、数组元素

数组是用一个统一的名字、不同下标表示的、顺序排列的一组变量。数组中的成员（每个变量）称为数组元素。数组元素通过不同的下标加以区分。因此，数组元素又称为下标变量（带下标的变量）。

数组元素的形式：**数组名**（n1，n2，…）

应注意的是：

● 数组的命名与简单变量命名规则相同。

- n1，n2，……表示数组元素的位置，称为下标，数组元素的下标必须用括号括起来。否则会被认为是一个简单变量。如，不能把数组元素 b(6)写成 b6。
- 可以用数组名和下标来唯一地识别一个数组中的某个具体元素。如 b(5)就表示名称为 b 的数组中的序号为 5 的元素。A(3,4)表示第 3 行第 4 列上的元素。
- 数组元素的下标可以是常数、变量或表达式。下标还可以是下标变量（数组元素），如 B(A(4))，如果 A(4)的值是 6，则 B(A(4))其实就是 B(6)。
- 数组元素的下标必须是整数，如果是小数的话，系统会自动取整（舍去小数部分）。如 A(2.6)将被视为 A(2)。

2. 数组的维数

在一个数组中，下标个数就是数组的维数。一个下标就是一维数组。VB 中可以使用一维数组、二维数组，……，数组的维数最多可以是 60 维。

3. 数组的声明

数组变量必须先声明后使用。声明数组就是指明数组名、维数、类型和数组元素的个数。声明数组就是让系统在内存中分配一块连续的区域，同时定义相应的数据元素，为存储数据做准备。

4. 数组的形式

在 VB 中有两种形式的数组：静态（固定）数组和动态数组。静态数组中的数组元素个数一旦定义好后，在程序运行过程中不会再发生变化；而动态数组的元素个数则是可变的。

3.2.2　静态数组

声明数组的语法格式是：

Dim|Private|Static|Public 数组名(<维数定义>) [As <类型>]

说明：

（1）Dim、Private、Static 及 Public 关键字用于声明数组。在标准模块的声明区用 Public 声明全局数组；在窗体模块或标准模块声明区用 Dim 或 Private 声明模块级数组（又称窗体级数组或文件级数组）；在过程内用 Dim 或 Static 声明局部数组（又称过程级数组）。

（2）<维数定义>用于指定数组的维数和各维下标的取值范围，其一般形式是：

[<下界 1> To] <上界 1> [, [<下界 2> To] <上界 2>] ...

下界必须小于上界，数据下标的下界最小值为-32768，上界最大值为 32767。如果不指定 <下界>，则数组的下界由 Option Base 语句控制，如果没有使用 Option Base 语句，则数据的默认下界是 0。例如，Dim A(10) As Integer 语句声明了一个名为 A 的整型数组，它共有 11 个元素，A(0)、A(1)、A(2)、……、A(10)，数组 A 的下标下界是 0。

如果在上条语句前面使用了 Option Base 语句，可以指定数组的默认下界，例如：

```
Option Base 1
Dim B(10) As Integer
```

此时 Dim 语句声明的是一个名为 B 的整型数组，它共有 10 个元素，B(1)、B(2)、……、B(10)，数组的下标下界是 1，请读者注意其中的区别。

Option Base 语句的参数只能是 0 或 1。它必须放在数组说明语句之前，且一个模块只能出现一次该语句。

可以用关键字 To 来显式指明下标的下界，此时 Option Base 语句不再起作用。如：

```
Dim C( 5 To 10) As Integer          '6 个元素，数组下标的下界是 5
Dim D(-10 To 10) As Long            '21 个元素，数组下标的下界是-10
```

应注意下标的上、下界均不得超过 Long 数据类型的范围。

（3）多维数组的声明：

```
Dim F(9, 9) As Single
```

上条语句声明了一个 10×10 的二维数组，它共有 100 个元素，元素下标的下界默认是 0。也可以用显式的方法来声明多维数组。如：

```
Dim M(1 To 10, 1 To 10)             '二维数组 M 共有 10×10 个元素
Dim N(3, 1 To 10, 5 To 10)          '三维数组 N 共有 4×10×6 个元素
```

（4）在声明数组时，下标必须是常量，不能是变量。而在引用数组元素时下标可以是常数、变量或表达式。例如：

```
Dim x(10) As Long         '括号中必须是常量，说明数组 x 有 11 个元素
n=3
x(n) = 1                  '引用数组元素，下标可以是变量
x(7)= x(n+1) + n          '引用数组元素，下标可以是表达式
```

下一条数组说明语句是非法的：

```
Dim s(n) as Long          '程序运行时将显示"要求常数表达式"的错误信息
```

（5）在数组声明语句中的下标用于确定数组每一维的大小，是数组的说明符；而程序中其他语句中出现的下标是用于确定某一个具体的数组元素，请注意区别它们的不同。如：

```
Dim x(10) Integer         '下标 10 用于说明数组 x 有 11 个元素
x(10) = 5                 '下标 10 用来指定数组 x 中的第 11 个元素
```

（6）静态数组在编译时，系统将根据说明语句来开辟固定的存储空间，在整个运行过程中不再改变。

3.2.3 数组的使用

使用数组就是对数组元素进行各种操作，如赋值、表达式运算、输入或输出等。

对数组元素的操作如同对简单变量的操作，但在引用数组元素的时候要注意以下几点：

● 数组声明语句不仅定义数组，为数组分配存储空间，还能对数组元素赋初值。数值型数组的初值为 0，字符型数组的初值为空。

● 引用数组元素时，元素的下标值应在数组说明时所指定的范围之内。

● 在同一过程中，数组和简单变量不能同名。

【例 3-24】随机产生 10 个小于 100 的整数，找出其最大值、最小值和平均值。

分析：首先可以把产生的 10 个随机数存入一个数组中，再找出数组中的最大值、最小值，计算平均值。

程序代码如下：

```
Private Sub Form_Click()
    Dim a(1 To 10) As Integer             '声明有 10 个元素的数组 a
    Dim m_max As Integer, m_min As Integer
```

```
    Dim s As Single
    Randomize
    For i = 1 To 10
        a(i) = Int(Rnd * 99) + 1          '产生随机数并存入数组 a
        Print a(i)                        '打印数组元素
    Next i
    m_max = 0: m_min = 100
    For i = 1 To 10
        If a(i) > m_max Then m_max = a(i)     '找最大的数
        If a(i) < m_min Then    m_min = a(i)   '找最小的数
        s = s + a(i)                      '10 个数相加
    Next i
    Print "最大数是："; m_max               输出最大数
    Print "最小数是："; m_min               输出最小数
    Print "平均值是："; s / 10              输出平均数
End Sub
```

【例 3-25】利用冒泡法，编程将任意输入的 10 个数据按从大到小的顺序排列。

分析：冒泡法的基本思想是，第一步，将第一个数跟第二个数相比较，大的放在前面，小的放在后面，然后又将第二个数跟第三个数相比较，同样把大数放在前面，小的放在后面，依此类推，直到最后。当所有的数都比较一遍后，最小的数就被放到最后了。第二步，在除了最小数之外的剩余数据中再重复第一步操作，找出第二小的数并放置在倒数第二的位置上；依此类推，直到排序结束。

程序代码如下：

```
Private Sub Form_Click()
    Dim a(1 To 10) As Single
    Print
    Print "排序前 10 个数的次序："
    For i = 1 To 10
        a(i) = InputBox("输入数组的第" & i & "个数", "输入数据")
        Print " "; a(i);
    Next i
    Print
Rem  以下是冒泡法的双重循环
    For i = 1 To 10
        For j = 1 To 10 - i
            If a(j) < a(j + 1) Then
                t = a(j): a(j) = a(j + 1): a(j + 1) = t
            End If
        Next j
    Next i
'排序结束，输出排序结果
    Print "排序后 10 个数的次序："
    For i = 1 To 10
        Print " "; a(i);
    Next i
End Sub
```

程序运行结果如图 3-24 所示。

图 3-24　例 3-24 运行结果

请读者思考，如何修改上述程序使得一组无序的数按从小到大的顺序排列。

3.2.4　动态数组

在程序运行过程中，数组的大小在设计阶段根本无法确定，如果用最大长度定义数组，将会浪费一定的存储空间，为了节约存储空间，提高运行效率，希望在运行时能够改变数组的大小，这就要用到动态数组。在 VB 中，动态数组可以在任何时候改变大小。动态数组灵活方便，有助于有效利用内存。例如，可以在短时间里使用一个大数组，当不使用这个数组时，再将内存释放给系统。

创建动态数组的步骤是：

第一步，在窗体模块、标准模块或过程中，用 Public 语句、Private 或 Dim 语句、Dim 或 Static 语句声明一个没有下标的数组，声明时数组名的括号一定不能省略。

第二步，在过程中使用该数组之前，必须用 Redim 语句来确定数组的实际元素个数。Redim 语句的语句格式是：

ReDim [Preserve] 数组名(<维数定义>) [As <类型>]

【例 3-26】ReDim 语句应用示例。

```
Dim a() As Long        '说明一个动态数组 a
ReDim a(10)            '确定数组的实际元素是 11 个
For I = 0 To 10        '开始使用数组
    a(I) = I
    Print a(I)
Next I
```

说明：

（1）ReDim 语句中的<维数定义>中的下标可以是常量，也可以是已赋值的变量或表达式。

（2）数据类型可以省略，若不省略，则必须与 Dim 语句中声明的类型一致。

（3）在一个程序过程中可以多次使用 ReDim 语句来改变一个动态数组的大小，也可以改变数组的维数，但不容许改变数组的数据类型。

（4）动态数组在程序运行过程中才被分配以存储空间，当不需要时，可以用 Erase 语句删除该数组，程序会回收分配给它的存储空间。例如：

```
Dim A() As Long
……
Erase A        '清除数组 A
……
```

（5）使用 ReDim 语句会使数组中原有的数据丢失，若在 ReDim 语句中使用 Preserve 参数，可保留数组中原有的值。使用 Preserve 参数后，只能改变数组最后一维的大小。例如：

```
ReDim X(10, 10, 10)
……
ReDim Preserve X(10, 10, 20)
……
```

上面的语句可以保留动态数组 X 中元素原有的值。

【**例 3-27**】编写程序，输出如图 3-25 所示的杨辉三角形。

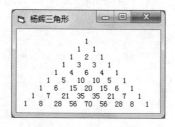

图 3-25　杨辉三角形

分析：杨辉三角形中各行的元素是二项式$(a+b)^n$展开式中各项的系数。由图 3-25 所示的排列格式可以看出，该三角形每行的第 1 个元素和与行数相同位置的元素值均为 1，从第三行开始其余各项的值都是其上一行中相邻（三角形顶点）的两个元素之和。由此可得其算法为：$A(i, j) = A(i-1, j-1) + A(i-1, j)$。实现打印图 3-25 的程序如下：

```
Private Sub Form_Click()
    Dim A() As Long            '定义动态数组
    Dim n As Integer
输入:                          '标号
    n = InputBox("请输入一个小于 10 的正整数：")
    If n >= 10 Then GoTo 输入
    ReDim A(n, n)              '定义实际使用的数组
    For i = 1 To n            '给数组元素赋值
        A(i, 1) = 1
        A(i, i) = 1
    Next i
    For i = 3 To n
        For j = 2 To i - 1
            A(i, j) = A(i - 1, j - 1) + A(i - 1, j)
        Next j
    Next i
    Print
    For i = 1 To n            '打印输出数组的值
        Print Tab(12 + n - 2 * i);
        For j = 1 To i
            Print Format(A(i, j), "!@@@@");   '格式输出语句
        Next j
        Print                 '换行
    Next i
End Sub
```

3.2.5 几个与数组有关的函数

1. Array 函数

在 VB 程序中，一般是通过赋值语句或 InputBox 函数为变量或数组元素赋值。当需要给多个数组元素赋值时，可以使用 Array 函数，其格式为：

数组名 = Array（数组元素值）

注意：利用 Array 函数对数组元素赋值时，声明的数组类型必须是 Variant。另外，数组的下标下界默认为 0，也可以通过 Option Base 语句决定；上界由 Array 函数括号内参数的个数决定，也可以通过 UBound 函数获得。

2. 下标测试函数 UBound 和 LBound

格式：UBound(数组名[,维数])

　　　　LBound(数组名[,维数])

UBound 函数用于测试数组某一维可用的下标上界值；而 LBound 函数则用于测试数组某一维可用的下标下界值。

【例 3-28】UBound、LBound 函数示例。

```
Dim A(1 To 10, 5 To 15, 10 To 20)    '声明数组变量
Dim B(10)
Upper = UBound(A, 1)      '返回 10
Upper = UBound(A, 3)      '返回 20
Upper = UBound(B)         '返回 10
Lower = LBound(A, 1)      '返回 1
Lower = LBound(A,2)       '返回 5
```

【例 3-29】Array、UBound、LBound 函数示例。

```
Private Sub Form_Click()
Dim A As Variant, B As Variant
A = Array(1, 3, 5, 7, 9)
B = Array("Monday", "Tuesday", "Wednesday")
For i = LBound(A) To UBound(A)
    Print A(i); " ";
Next i
Print
For i = 0 To UBound(B)
    Print B(i); " ";
Next i
End Sub
```

UBound 函数与 **LBound** 函数一起使用，可用来确定一个数组的大小。

3.3　用户定义类型

在第 2 章中介绍了 VB 的基本数据类型，它们属于标准数据类型，只能处理基本数据项。

但在实际编程过程中，常常会遇到一些比较复杂的数据形式。比如，实行学分制后需要对学生成绩管理提供诸如学号、姓名、课程名、成绩、任课教师等不同类型的数据。这些数据的类型不完全相同，但在逻辑上又相互关联，共同用来描述一个学生的完整信息。将它们分开来用多个基本数据类型变量表示将不利于数据的处理。虽然 Visual Basic 的变体数据类型允许数组内的元素有不同的数据类型，但又比较浪费计算机系统资源。此时，VB 允许将基本数据类型按需要组合起来，创建自定义的数据类型：用户自定义类型（User Defined Type）。

用户自定义类型由若干个基本数据类型组成，也遵循先定义后使用的原则。可以用 Type 语句来创建用户自定义类型。要注意的是，Type 语句必须置于模块的声明部分。其语法格式是：

```
[Private | Public] Type <自定义类型名>
<元素名 1> As <类型名>
[ <元素名 2> As <类型名>]
……
[ <元素名 n> As <类型名>]
End Type
```

说明：

<自定义类型名>是用户自定义数据类型名，不是变量，但其命名规则与变量名的命名规则相同。<元素名>表示自定义类型中的一个成员。<类型名>为 Visual Basic 提供的基本数据类型。例如，以下 Type 语句定义了一个有关学生信息的自定义类型，名字是 student。

```
Private Type student
    num As String              '学号
    name As String * 8         '姓名
    credit As Integer          '学分
    mark(1 To 4) As Single     '4 门课成绩
    averg As Single            '平均成绩
End Type
```

自定义数据类型一旦定义后，就可以在变量声明时使用该类型，语法格式是：

Dim 变量名 As 自定义类型名

【例 3-30】编写程序显示某学生的基本信息。

创建一工程，首先在窗体模块的通用段中创建前面提到的自定义类型 student。然后在窗体上添加有关控件，设计程序用户界面如图 3-26（左）所示。

图 3-26　例 3-30 界面示例

编写命令按钮的单击事件过程代码如下：

```
Private Sub Command1_Click()
    Dim st As student              '定义一个 student 类型的变量 st
```

```
      st.num = "20040123"
      st.name = "章维维"
      st.credit = 25
      st.averg = 86.5
      Text1.Text = st.num
      Text2.Text = st.name
      Text3.Text = st.credit
End Sub
```

程序运行结果如图 3-26 右图所示。

3.4　算法

前面在例题中介绍了一些常用的算法，如累加、连乘、求素数等。下面再通过一些程序实例，学习典型算法的使用。

3.4.1　枚举法

"**枚举法**"也称"**穷举法**"，该方法将问题各种可能发生的情况一一进行测试，检查它是否满足给定的条件，找出符合条件的结果。这种方法充分利用了计算机运算速度快的特点，一般采用循环语句来实现。

【例 3-31】百元买百鸡问题。假定公鸡每只 5 元，母鸡每只 3 元，小鸡 1 元 3 只。现在有 100 元钱要求买 100 只鸡，试编程求出母鸡、公鸡和小鸡各买多少只？

分析：设母鸡、公鸡和小鸡各买 x、y、z 只，根据题意可列出如下两个方程：

$$x + y + z = 100$$

$$3x + 5y + z/3 = 100$$

三个未知数，两个方程，此题有若干个解。用"枚举法"编写的计算程序如下：

```
Private Sub Form_Click()
Dim x As Integer, y As Integer
Dim z As Integer
Print Tab(1); "母鸡"; Tab(15); "公鸡"; Tab(30); "小鸡"
For x = 0 To 33
  For y = 0 To 20
    z = 100 - x - y
    If 3 * x + 5 * y + z /3= 100 Then
    Print x, y, z
    End If
  Next y
Next x
End Sub
```

程序运行结果如图 3-27 所示。

图 3-27 百鸡问题运行结果

【例 3-32】求 100~999 之间所有的水仙花数。水仙花数是这个数等于其各位上数字的立方和，如：153＝1*1*1+5*5*5+3*3*3。

分析：解决问题的关键是首先分离出三位数中的个位、十位和百位上的数字，再判断是否符合水仙花数的条件。分离数字的方法很多，对于数 i 使用如下方法：百位数字 A=int(i/100)，十位数字 B=(i-A*100)\10，个位数字 C=i mod 10。

窗体 Form1 的单击（Click）事件程序代码如下：

```
Private Sub Form_Click()
  Dim i As Integer,A As Integer, B As Integer,C As Integer
  For i = 100 To 999
    A = Int(i / 100)
    B = (i - A * 100) \ 10
    C = i Mod 10
    If i = A ^ 3 + B ^ 3 + C ^ 3 Then
      Print i; "="; A; "^3+"; B; "^3+";C; "^3"
    End If
  Next i
End Sub
```

运行结果如图 3-28 所示。

图 3-28 水仙花数示例

3.4.2 递推法

"递推法"又称"迭代法"，其基本思想是把复杂的计算过程转化为简单过程的多次重复。每次重复都在旧值的基础上递推出新值，并用新值代替旧值。

【例 3-33】猴子摘桃子。小猴某一天摘了若干个桃子，当天就吃掉一半多一个；第二天接着吃了剩下的桃子的一半多一个；以后每天都吃掉剩余桃子的一半多一个，到第 7 天早上就只剩下了一个，问小猴那天共摘了多少只桃子。

分析：设第 n 天桃子为 x_n，那么它是前一天桃子数 $\dfrac{x_{n-1}}{2}-1$

即：$x_n = \dfrac{x_{n-1}}{2}-1$ 也就是：$x_{n-1} = (x_n +1)*2$

已知 n=7 时的桃子数为 1，则第 6 天的桃子数为 4 个，以此类推，可以求得第一天猴子摘的桃子数。计算结果如图 3-29 所示。

程序代码如下：

```
Private Sub Form_Click()
Dim n As Integer, i As Integer
x = 1
Print
Print Tab(2); "第 7 天的桃子数为： 1 只"
For i = 6 To 1 Step -1
    x = (x + 1) * 2
    Print Tab(2); "第"; i; "天的桃子数为： "; x; "只"
Next i
End Sub
```

图 3-29 猴子摘桃程序运行结果

从例中可以看出，解决"递推"问题必须具备两个条件：

①有初始值。

②存在递推关系。

【例 3-34】著名的斐波那契数列：1、1、2、3、5、8、13、21、……。编程每行 4 个输出该数列的前 40 项。

分析：用 $F_i(i \leqslant 40)$ 表示数列中各项，$F_1=1$，$F_2=1$，$F_3=F_1+F_2$，$F_4=F_2+F_3$，……，$F_n=F_{n-1}+F_{n-2}(n>2)$。为减少变量个数，只使用 F_1、F_2 两个变量，F_3 相当于 $F_1(F_1=F_1+F_2)$、F_4 相当于 $F_2(F_2=F_2+F_1)$，……这样反复利用 F_1+F_2 迭代计算。

程序代码如下：

```
Private Sub Form_Click()
Dim f1 As Long, f2 As Long
  Dim i As Integer
  f1 = 1: f2 = 1
  Print "斐波那契数列前 40 项"
  For i = 1 To 20
    Print f1, f2,
    f1 = f1 + f2
    f2 = f2 + f1
    If i Mod 2 = 0 Then    '每行 4 个
      Print
    End If
  Next i
End Sub
```

3.4.3 排序

排序的算法有许多，在上一节中介绍了**冒泡排序法**，常用的还有**选择排序法、插入法、**

合并排序法等，最简单的是选择排序法。

　　假定有 n 个数，要求按递增的次序排列。选择排序算法步骤是：首先选择 n 个未排序序列中的最小数，与第一个数交换位置；然后用第二个数与后面的所有数进行一一比较，选择出次小的数，与第二个数交换位置；依此类推，直到选择倒数第二个数与最后一个数进行比较并排好序为止。

　　参加排序的 n 个数，共需进行 n-1 次选择比较交换才能排好序。

　　【例 3-35】随机产生 10 个小于 20 的整数，用选择排序法，编程将这组数据按从小到大的顺序排列。

　　程序代码如下，请读者比较它与冒泡排序法程序的区别。

```vb
Private Sub Form_Click()
Dim a(1 To 10) As Integer
For i = 1 To 10 '
  Do
    x = Int(Rnd * 20)
    yn = 0
    For j = 1 To i - 1
      If x = a(j) Then yn = 1: Exit For      '如果与前面已有的数组元素值相同，
    Next j                                   '则返回 Do 循环，重新产生随机数
  Loop While yn = 1
  a(i) = x
Next i
Print "排序前 10 个数的次序： "
For i = 1 To 10
  Print a(i);
Next i
'以下是选择排序法的双重循环
For i = 1 To 9
  For j = i + 1 To 10
    If a(i) > a(j) Then
      t = a(i): a(i) = a(j): a(j) = t
    End If
  Next j
Next i
'排序结束，输出排序结果
  Print
  Print "排序后 10 个数的次序： "
For i = 1 To 10
  Print a(i);
Next i
End Sub
```

程序运行结果如图 3-30 所示。

图 3-30　选择排序示例

3.4.4 查找

查找是在一组数中，根据指定的关键值，找出与其值相同的元素。一般有顺序查找和二分法查找。

1. 顺序查找

顺序查找是根据需查找的关键值与数组中的元素逐一比较，若相同，则查找成功；否则，查找失败。

【例 3-36】随机产生 10 个小于 100 的各不相等的整数，编程查找从键盘输入的一个数在这组数据中的位置，若没有找到，则显示该数不存在。

程序代码如下：

```
Private Sub Form_Click()
Dim a(1 To 10) As Integer
Print "   随机产生的 10 个数为： "
For I = 1 To 10
  Do
    x = Int(Rnd * 100)
    yn = 0
    For j = 1 To I - 1
      If x = a(j) Then yn = 1: Exit For
    Next j
  Loop While yn = 1
  a(I) = x
  Print a(I);
Next I
Print
x = InputBox("输入要查找的数: ", "输入数  ")
For I = 1 To 10
  If a(I) = x Then
    P = I
    Exit For
  End If
Next I
If I > 10 Then
  Print "   这组数中没有"; x
Else
  Print x; "   在这组数中的第"; p; "位"
End If
End Sub
```

【例 3-37】编程查找 5×5 整型数组中所有的在行上最大、在列上也最大的元素。

算法：可先找出行上最大值 max，并记下其所在列号 Col，接着在 Col 列上判断 max 是否是最大，若是，max 就是所要查找的数据。程序如下：

```
Private Sub Form_Click()
Dim a(1 To 5, 1 To 5) As Integer
```

```
Dim i%, j%, max%, CoL%, Flag%
Print
Print "    数组各元素的值为："
Randomize
For i = 1 To 5
  For j = 1 To 5
    a(i, j) = Int(Rnd * 100)     '用随机函数为数组 a 各元素赋值
    Print Tab(j * 5 - Len(Str(a(i, j)))); a(i, j);
  Next j
    Print
Next i
Print
'以下开始按条件查找
For i = 1 To 5
max = a(i, 1): CoL = 1
For j = 1 To 5
If a(i, j) > max Then
max = a(i, j): CoL = j
End If
Next j
Flag = 0
For j = 1 To 5
  If a(j, CoL) > max Then
  Flag = 1: Exit For
  End If
Next j
If Flag = 0 Then
  Print "a("; i; ","; CoL; ")="; a(i, CoL); "是行最大列也最大"
End If
Next i
End Sub
```

程序运行结果如图 3-31 所示。

图 3-31　数组查找示例

2. 二分法查找

对于大型数组使用二分法查找速度比顺序查找速度快、效率较高。**二分法查找**要求将数组按查找关键字排好序（升序或降序）。算法思路是：先从数组中间开始比较，判断中间的那个元素是不是要找的数据，若是，查找成功；否则，判断被查找的数据在该数据的上半部还是下半部。如果是上半部，再从上半部的中间继续查找，否则从下半部的中间继续查找。如此下

去，不断缩小查找范围，直到找到或找不到为止。

【例 3-38】已知有 10 名学生的成绩如表 3-2 所列。使用二分法查找，输入学生的学号，查询学生的成绩；若未找到，则显示"查无此人！"信息。

表 3-2 学生成绩表

学号	1401	1403	1405	1406	1408	1409	1411	1415	1416	1418
成绩	88	81	78	61	89	81	68	51	98	86

分析：对于 n 个数据，用 t1、t2 分别表示每次折半的首位置和末位置，则中间位置 m 为：m=int(t1+t2)/2

这样把查找范围分为[t1,m-1]和[m+1,t2]两段。若要找的数据小于 m 位置的数据，则该数据在[t1,m-1]范围内；否则在[m+1,t2]范围内。

步骤如下：

（1）创建一个工程，在窗体上适当位置设置一个"查找"命令按钮 Command1。

（2）定义数组 h(10)、d(10)，分别保存学号和相应的成绩。

```
Option Base 1
Dim h(10) As Integer, d(10) As Integer
```

（3）各部分程序代码。窗体 Form1 的 Load 过程代码：

```
Private Sub Form_Load()
h(1) = 1401: h(2) = 1403: h(3) = 1405: h(4) = 1406: h(5) = 1408     '数组 h()保存学号
h(6) = 1409: h(7) = 1411: h(8) = 1415: h(9) = 1416: h(10) = 1418
d(1) = 88: d(2) = 81: d(3) = 78: d(4) = 61: d(5) = 89                '数组 d()保存成绩
d(6) = 81: d(7) = 68: d(8) = 51: d(9) = 98: d(10) = 86
End Sub
```

命令按钮 Command1 的 Click 事件代码：

```
Private Sub Command1_Click()
  Dim x As Integer, flag As Integer
  Dim t1 As Integer, t2 As Integer, m As Integer
  flag = -1        '设置未找到标志
  t1 = 1: t2 = 10
  x = InputBox("输入学号:")
  If x < h(t1) Or x > h(t2) Then
     flag = -2  '设置超出学号范围标志
  End If
  Do While flag = -1 And t1 <= t2
    m = (t1 + t2) / 2
    Select Case True
      Case x = h(m)
        flag = m
        Print "学号"; h(m), "成绩"; d(m)
      Case x < h(m)
        t2 = m - 1
      Case x > h(m)
        t1 = m + 1
    End Select
```

```
   Loop
   If flag < 0 Then
      MsgBox "查无此人！"
   End If
End Sub
```

（4）运行程序，单击"查找"命令按钮 Command1，当输入学号"1416"时，结果如图 3-32 所示。

图 3-32　例 3-36 运行结果

3.4.5　简单加（解）密

加密方法有很多，下面介绍一种简单的加密技术：在 ASCII 表中可见字符的最小值是 32（符号是空格），最大值是 126（符号是～），取两个符号的 ASCII 码值之和 158。加密时用 158 减去一个可见符号的 ASCII 码值转换成另一个符号，以此类推。解密时按同样规则进行运算还原回来。如将字母"A"的 ASCII 码值 65，加密转换成"]"，可以用 158-65=93，取 ASCII 码值为 93 的字符即为"]"。

【例 3-39】创建一个工程，在窗体上设置三个标签、三个文本框和两个命令按钮。标签 Label1、Label2、Label3 和命令按钮的标题 Caption 属性如图 3-33 所示。文本框 Text1 用于输入需要加密的字符串，Text2 用于显示加密后的字符串，Text3 用于显示解密还原的字符串，单击"加密"（Command1）按钮，对 Text1 中的字符串进行加密并显示在 Text2 中，单击"解密"（Command2）按钮，对 Text2 中的字符串解密并显示在 Text3 中。

程序代码如下：

```
Dim strInput As String, Code As String, Record As String, c As String * 1
Dim i As Integer, length As Integer, iAsc As Integer
```

"加密"（Command1）按钮的 Click 事件代码：

```
Private Sub Command1_Click()
Form1.Caption = "加密"
 strInput = Text1.Text
 length = Len(RTrim(strInput))
 Code = ""
 For i = 1 To length
   c = mid$(strInput, i, 1)
   If Asc(c) >= 32 And Asc(c) <= 126 Then
     iAsc = 158 - Asc(c)
     Code = Code + Chr$(iAsc)
   Else
     Code = Code + c
```

```
      End If
    Next i
    Text2.Text = Code
End Sub
```

"解密"（Command2）按钮的 Click 事件代码：

```
Private Sub Command2_Click()
    Form1.Caption = "解密"
    Code = Text2.Text
    i = 1
    recode = ""
    length = Len(RTrim(Code))
    If length = 0 Then j = MsgBox("先加密再解密!", 48, "解密出错")
    Do While (i <= length)
      c = mid$(Code, i, 1)
      If Asc(c) >= 32 And Asc(c) <= 126 Then
        iAsc = 158 - Asc(c)
        recode = recode + Chr$(iAsc)
      Else
        recode = recode + c
      End If
      i = i + 1
    Loop
    Text3.Text = recode
End Sub
```

运行结果如图 3-33 所示。

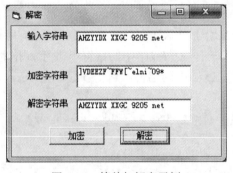

图 3-33　简单加解密示例

习题三

一、选择题

1. VB 提供了结构化程序设计的基本结构，分别是（　　）。

   A）选择结构、递归结构、循环结构　　　　B）选择结构、过程结构、顺序结构

   C）过程结构、输入和输出结构、转向结构　D）顺序结构、选择结构、循环结构

2．下面正确的赋值语句是（　　　）。

　　A）x+y=30　　　　　　　B）y=x+30　　　　　C）y=π*x*x　　　　　　D）3=x+y

3．语句 i=i+1 的正确含义是（　　　）。

　　A）变量 i 的值与 i+1 的值相等　　　　　　B）将变量 i 的值保存到 i+1 中去

　　C）将变量 i 的值+1 后赋值给变量 i　　　　D）变量 i 的值为 1

4．下列叙述中正确的（　　　）。

　　A）一个程序代码行写入一条语句

　　B）赋值语句结束时，可以使用分号或逗号作为结束符

　　C）字符型数据可以用英文的双引号或单引号括起来

　　D）当用 Print 输出多个输出项时，不可以使用冒号“：”作为输出项的分隔符

5．语句 Print "Sqr(25)=";Sqr(25)的输出结果为（　　　）。

　　A）Sqr(25)=Sqr(25)　　　　　　　　B）Sqr(25)=5

　　C）"5="5　　　　　　　　　　　　　D）5=Sqr(25)

6．为了给 x，y，z 三个变量赋初值 1，正确的赋值语句是（　　　）。

　　A）x=1: y=1: z=1　　　B）x=1, y=1, z=1　　　C）x=y=z=1　　　D）x,y,x=1

7．赋值语句 g = 123 & Mid("123456", 3, 2)执行后，变量 g 中的值是（　　　）。

　　A）"12334"　　　　　　B）123　　　　　　　　C）12334　　　　　　　D）157

8．下列哪组语句可以将变量 a，b 的值互换？（　　　）。

　　A）a=b: b=a　　　　　　　　　　　B）a=a+b: b=a-b: a=a-b

　　C）a=c: c=b: b=a　　　　　　　　　D）a=(a+b)/2: b=(a-b)/2

9．语句 Print Format ("HELLO", "<") 的输出结果是（　　　）。

　　A）HELLO　　　　　　B）hello　　　　　　C）He　　　　　　　　D）he

10．下面程序段执行后，输出结果是（　　　）。

```
a=0:b=1
a=a+b:b=a+b:Print a;b
a=a+b:b=a+b:Print a;b
a=b-a:b=b-a:Print a;b
```

　　A）1　　　2　　　　B）3　　　5　　　　C）1　　　2　　　　D）1　　　2

　　　　3　　　4　　　　　　2　　　3　　　　　3　　　4　　　　　3　　　5

　　　　3　　　4　　　　　　1　　　2　　　　　2　　　3　　　　　2　　　3

11．语句 If x=1 Then y=1，下面说法正确的是（　　　）。

　　A）x=1 和 y=1 都是赋值语句

　　B）x=1 和 y=1 都是关系表达式

　　C）x=1 为关系表达式，y=1 是赋值语句

　　D）x=1 是赋值语句，y=1 是关系表达式

12．下列循环语句所确定的循环次数是（　　　）。

　　FOR K=2E2 TO 100 STEP -2*10

　　A）6　　　　　　　　B）5　　　　　　　C）4　　　　　　　　D）3

13．写出下列程序段的运行结果（　　　）。

　　S=0

```
For i=10 to 50 Step 15
S=s+i
Next i
If i>50 Then s=s+i    Else s=s-i
Print s
```

A）20   B）130   C）75   D）35

14. 写出下列程序段的运行结果（   ）。

```
Dim s As String,y As String,t As String,x As String
X="12Aa3b4B5":y=""
For k=1 To Len(s)
   X=Mid(s,k,1)
   T=UCase(x)
   If t>="A" And t<="Z" Then
      Y=y+x
   End If
Next k
Print y
```

A）1234   B）AB   C）cd   D）AabB

15. 以下程序代码所进行计算的数学式是（   ）。

```
S=1:n=2
Do While n<1000
   S=s+n
   N=n+2
Loop
Print "S=";s
```

A）S=1+2+4+6+……+998   B）S=1+2+4+6+……+1000

C）S=2+4+6+……+998   D）S=2+4+6+……+1000

16. 若要定义两个整型变量和一个字符型变量，下列语句正确的是（   ）。

A）Dim x,y As Integer,n As String   B）Dim x%,y As Integer,n As String

C）Dim x%,y$,n As String   D）Dim x As Integer,y,n As String

17. 用语句 Dim A(-3 to 5) As Long 定义的数组元素个数是（   ）。

A）7   B）8   C）9   D）10

18. 用语句 Dim A(3, -3 to 0,3 to 6) As Long 定义的数组元素个数是（   ）。

A）12   B）27   C）64   D）80

19. 声明 Dim arr(1 To 3, 4)后，在缺省状态下，使用（   ）将出现下标越界。

A）arr(1, 1)   B）arr(1, 0)   C）arr(0, 1)   D）arr(3, 4)

20. 下面（   ）语句与声明动态数组无关。

A）Dim x()   B）Dim x(5)   C）ReDim x(10)   D）ReDim x(10,10)

21. 执行下面程序后，输出的结果是（   ）。

```
Private Sub Form_Click()
```

```
Dim M(10) As Long, N(10) As Long
i = 3
For t = 1 To 5
    M(t) = t
    N(i) = 2 * i + t
Next t
Print N(i); M(i)
End Sub
```

　A）3　11　　　　　　　B）3　15　　　　　　C）11　3　　　　　　D）15　3

22．执行下面程序后，输出的结果是（　　）。

```
Private Sub Form_Click()
Dim a()
a = Array(1, 2, 3, 4)
j = 1
For i = 3 To 0 Step -1
    s = s + a(i) * j
    j = j * 10
Next i
Print s
End Sub
```

　A）1234　　　　　　　B）4321　　　　　　C）12　　　　　　　D）34

23．执行下面程序后，输出的结果是（　　）。

```
Private Sub Form_Click()
Dim M(10)
For k = 1 To 10
    M(k) = 11 - k
Next k
x = 6
Print M(2 + M(x))
End Sub
```

　A）2　　　　　　　　　B）3　　　　　　　　C）4　　　　　　　　D）5

24．执行下面程序后，输出的结果是（　　）。

```
Private Sub Form_Click()
Dim a(10) As Integer, p(3) As Integer
k = 5
For i = 1 To 10
    a(i) = i
Next i
For i = 1 To 3
    p(i) = a(i * i)
```

```
        Next i
        For i = 1 To 3
            k = k + p(i) * 2
        Next i
        Print k
        End Sub
```

  A）33   B）28   C）35   D）37

25．执行下面程序后，输出的结果是（   ）。

```
        Private Sub Form_Click()
        Dim a(10, 10) As Integer
        For i = 2 To 4
        For j = 4 To 5
            a(i, j) = i * j
          Next j
        Next i
        Print a(2, 5) + a(3, 4) + a(4, 5)
        End Sub
```

  A）22   B）42   C）32   D）52

二、填空题

1．执行语句 Print Format(123.5,"$000,###")的输出结果是_____。

2．VB 具有结构化程序设计的三种基本结构，分别是_____、_____和_____。

3．Do…Loop 循环分为前测型和后测型循环结构，执行方式是：前测型循环结构为_____后执行；后测型循环结构为先_____后_____。

4．已知变量 CharS 中存放一个字符，以下程序段用于判断该字符是数字、字母还是其他字符，并输出结果。补充下列程序代码。

```
        Select Case CharS
          Case ____(1)____
              Print "这是数字"
          Case ____(2)____
              Print "这是字母"
          Case ____(3)____
              Print "这是其他字符"
        End Select
```

5．以下程序的功能是：通过键盘输入若干个学生的分数，当输入负数时结束输入，然后输出其中的最高分和最低分。

```
        Dim x As Single,amax As Single,amin As Single
        x=InputBox("输入成绩")
        amax=x:amin=x
        Do While _____
```

```
        If x>amax Then
    amax=x
        End If
        If _____ Then
    amin=x
        End If
        _____
    Loop
    Print "最高分=";amax,"最低分=";amin
```

6．设 n、s 均为整型变量，初值分别为 1 和 10。以下循环语句的循环体各执行多少次，循环结束后 n 值各是多少？①____，n=____；②____，n=____；③____，n=____；④____，n=____。

```
①Do While n<=s              ③Do Until n*s>40
      n=n+3                        n=n*2
    Loop                        Loop
②Do                          ④Do
      N=3*n                        n=s\n
    Loop Until n>2                 n=n+2
                             Loop While n<s
```

7．求 S=1+1/2+1/3+1/4+……+1/n 的前 n 项之和，当 S 第一次大于或等于 6 时终止计算，此时项数 n 为____。

8．设有数组声明语句：

```
    Option Base 1
    Dim a(3,-1 To 2)
```

以上语句所定义的数组 a 为____维数组，共有____个元素，第一维下标从____到____，第二维下标从____到____。

9．在 VB 中有两种形式的数组：____数组和____数组。

10．在 VB 中，允许声明一维数组和多维数组，但最多允许____维。

三、程序阅读题

1．执行下面程序段后，变量 c$ 的值为_____。

```
    a = "学习 Visual Basic 编程"
    b = "我们"
    c$ = b & "喜欢" & UCase(Mid(a, 10, 5))
```

2．执行下面程序后，显示的结果是_____。

```
    Private Sub Form_Click()
    Dim x As Integer
    x = Int(Rnd) + 4
    Select Case x
    Case 5
            Print "优秀"
```

```
        Case 4
            Print "良好"
        Case 3
            Print "及格"
        Case Else
            Print "不及格"
    End Select
    End Sub
```

3. 执行下面程序段后，变量 x 的值为_____。

```
    Dim x As Integer
    x = 5
    For i = 1 To 20 Step 3
        x = x + i \ 5
    Next i
```

4. 执行下面程序后，输出的结果是_____。

```
    Private Sub Form_Click()
    Dim x As Integer
    For i = 1 To 3
      For j = 1 To i
          For k = j To 3
              x = x + 1
          Next k
        Next j
    Next i
    Print x
    End Sub
```

5. 执行下面程序后，输出的结果是_____。

```
    Private Sub Form_Click()
    Dim x As Integer
    x = 0
    Do While x < 50
        x = (x + 2) * (x + 3)
        n = n + 1
    Loop
    Print "x="; x; "n="; n
    End Sub
```

6. 执行下面程序后，输出的结果是_____。

```
    Private Sub Form_Click()
    Dim x As Integer, a As Integer
    x = 0
```

```
    For j = 1 To 5
        a = a + j
    Next j
    x = j
    Print x, a
    End Sub
```

7. 以下程序的循环次数是_____。

```
    For j = 8 To 35 Step 3
        Print j;
    Next j
```

8. 执行下面程序，输入 4 后，程序输出的结果是_____。

```
    Private Sub Form_Click()
    x = InputBox(x)
    If x ^ 2 < 15 Then y = 1 / x
    If x ^ 2 > 15 Then y = x ^ 2 + 1
    Print y
    End Sub
```

9. 执行下面程序后，输出的结果是_____。

```
    Private Sub Form_Click()
    Dim sum As Integer
    sum% = 19
    sum = 2.23
    Print sum%; sum
    End Sub
```

10. 执行下面程序后，输出的结果是_____。

```
    Private Sub Form_Click()
    a = 100
    Do
        s = s + a
        a = a + 1
    Loop Until a > 100
    Print a
    End Sub
```

11. 执行下面程序后，输出的结果是_____。

```
    Private Sub Form_Click()
    a = "ABCD"
    b = "efgh"
    c = LCase(a)
    d = UCase(b)
    Print c + d
```

```
        End Sub
```

12．执行下面程序后，输出的结果是_____。

```
        Private Sub Form_Click()
        x = 2: y = 4: z = 6
        x = y: y = z: z = x
        Print x; y; x
        End Sub
```

13．执行下面程序后，输出的结果是_____。

```
        Private Sub Form_Click()
        Dim count As Integer
        count = 0
        While count < 20
            count = count + 1
        Wend
        Print count
        End Sub
```

14．执行下面程序后，输出的结果是_____。

```
        Private Sub Form_Click()
        a = "*": b = "$"
        For k = 1 To 3
            x = Str(Len(a) + k) & b
        Print x;
        Next k
        End Sub
```

15．执行下面程序后，输出的结果是_____。

```
        Private Sub Form_Click()
        k = 0: a = 0
        Do While k < 70
            k = k + 2
            k = k * k + k
            a = a + k
        Loop
        Print a
        End Sub
```

四、编程题

1．已知一元二次方程 $ax^2+bx+c=0$ $(a\neq0)$ 的两个实根是：$x_{1,2} = \dfrac{-b \pm \sqrt{b^2 - 4ac}}{2a}$ ，编写窗体 Form1 的 Click 事件过程，用 InputBox 函数接收 a、b、c 的值，若 b^2-4ac$\geq$0，输出两个实根；否则输出"方程无实根"的信息。

2．利用 InputBox 函数输入三角形的三条边 a、b、c 的值，计算三角形的面积，要求判断输入的三条边

a、b、c 的值能否构成三角形。面积公式如下：

$$s = \sqrt{t(t-a)(t-b)(t-c)}，其中 t = \frac{a+b+c}{2}$$

3．输入一个十进制数，单击窗体时，将其转换成二进制数，在窗体上打印出来。试编写窗体的 Click 事件过程代码。

4．输入一个学生成绩，按如下要求评定其等级：90～100 分为"优秀"，80～89 分为"良好"，70～79 分为"中等"，60～69 分为"及格"，60 分以下为"不合格"。

5．编程求出 100 以内的所有素数，要求在窗体上每行输出 5 个素数。

6．在窗体上打印如图 3-34 所示图形。

```
*********        A            1              1
 *******         BB           2222           121
  *****          CCC          33333          12321
   ***           DDDD         4444444        1234321
    *            EEEEE        555555555      123454321
   (a)            (b)           (c)            (d)

    *            1            A              1
   ***           222          BBB            121
  *****          33333        CCCCC          12321
 *******         4444444      DDDDDDD        1234321
  *****          33333        CCCCC          12321
   ***           222          BBB            121
    *            1            A              1
   (e)            (f)           (g)            (h)
```

图 8-34　打印图形

7．在窗体上使用文本框输入两个正整数，求解并输出它们的最小公倍数。

8．随机产生 10 个[0,100]之间的整数，并按升序存入一个数组中（排序算法不限）。

9．由键盘输入一个字符串，将字符串在窗体上倒序打印出来。

10．由键盘输入某数组的 20 个元素，要求将前 10 个元素与后 10 个元素对称互换，即第 1 个与第 20 个互换，第 2 个与第 19 个互换，……，第 10 个与第 11 个互换。输出原数组元素的值和互换后数组元素的值。

11．将"PLAY"转换成"TPEC"。转换规则为：将字母"A"变成"E"，即转换后变成其后的第 4 个字母，"X"变成"B"，"Y"变成"C"，"Z"变成"D"。

12．随机产生 25 个 1～100 之间的整数构成 5 行 5 列的矩阵，计算该矩阵的两条对角线元素之和（重复元素只计算一次）。并在窗体上输出该矩阵及两条对角线元素之和。

13．一只小球从 10 米高度自由下落，每次落地后反弹回原高度的 40%，再落下。那么小球在第 8 次落地时共经过了多少米？

14．鸡兔同笼问题。一笼中鸡兔共有 30 只，共有 100 只脚，编程求解鸡、兔各多少只？

15．有 7 个评委为歌手打分，去掉一个最高分和一个最低分后的平均分为歌手成绩，由键盘输入评委的打分，编程计算该歌手的成绩。

16．利用随机函数生成两位正整数的 4×4 矩阵，找出其中的最大数、最小数及其位置。

4

窗体和常用控件

学习目标：
- 理解窗体的基本概念及组成
- 掌握常用控件的主要属性和方法及其程序设计
- 掌握控件数组的概念
- 掌握控件数组的编程方法

4.1 窗体的设计

窗体是应用程序的设计场所，可以包括多个控件。窗体就像一个可调整大小的绘图板，可绘制多种对象，形成美观的用户界面。每个应用程序至少有一个窗体，它是其他对象不可缺少的载体。各种控件必须建立在窗体上。窗体有自己的属性、事件和方法，决定着窗体的外观和行为。

4.1.1 窗体的结构

同 Windows 环境下的其他应用程序窗口一样，VB 中的窗体也具有标题栏、最大化/复原按钮、最小化按钮、关闭按钮和边框，如图 4-1 所示。

在建立新工程时系统会自动创建一个窗体，当需要在当前工程中添加新窗体时，操作步骤如下：

（1）从"工程"菜单中选择"添加窗体"菜单项。

（2）出现如图 4-2 所示的"添加窗体"对话框。该对话框的"新建"选项卡用于创建一个新窗体，列表框中列出了各种新窗体的类型，选择"窗体"选项时，建立一个空白的新窗体，选择其他选项时则建立一个预定义了某些功能的窗体。

（3）单击"打开"按钮，一个新的空白窗体被加入到当前工程中，同时会显示在屏幕上。

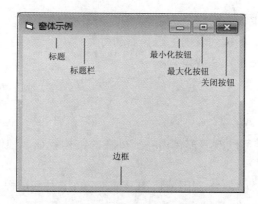

图 4-1　VB 应用程序的窗体组成

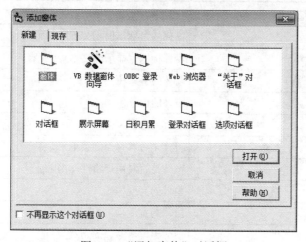

图 4-2　"添加窗体"对话框

在多窗体情况下，如果事先没有特别的设定，应用程序的第一个窗体被默认为启动窗体，也就是当应用程序开始运行时，先运行该窗体。如果要改变系统默认的启动窗体，需要通过"工程属性"对话框的设置进行调整。步骤如下：

（1）从"工程"菜单中选择"工程属性"命令，出现如图 4-3 所示的"工程属性"对话框。

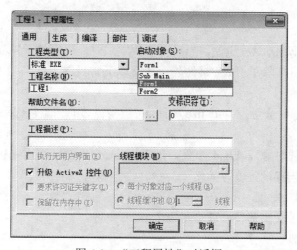

图 4-3　"工程属性"对话框

（2）选择该对话框中的"通用"选项卡。

（3）在"启动对象"下拉列表框中选择启动对象。

（4）单击"确定"按钮，完成设置。

4.1.2 窗体的属性

通过修改窗体的属性可以改变窗体内在或外在的结构特征，控制窗体的外观。常用的窗体属性如表 4-1 所列。

表 4-1 中只罗列了窗体的部分常用属性，其他属性将在具体应用程序的编写过程中逐步介绍。

表 4-1　窗体的常用属性

属性	用途
名称（Name）	窗体的名称，供相关程序使用
Caption	窗体标题栏显示的文本
BackColor	窗体的背景色
ForeColor	窗体的前景色
BorderStyle	窗体的边框风格
ControlBox	窗体是否具有控制菜单
Enabled	窗体是否对用户事件作出响应
Height	窗体的高度
Width	窗体的宽度
Left	窗体距屏幕左边的距离
Top	窗体距屏幕顶部的距离
MaxBotton	窗体是否具有最大化按钮
MinBotton	窗体是否具有最小化按钮
Moveable	程序运行时窗体是否能够移动

4.1.3 窗体的事件

VB 采用了事件驱动的编程机制。当没有事件发生时，程序处于停滞状态，只有事件发生时，程序才会运行。窗体除了 Click 事件外，还有以下常见的事件。

（1）Initialize 事件

当窗体第一次创建时会触发 Initialize 事件，一般将窗体的初始化代码存放在该事件过程中。

（2）Load 事件

在一个窗体被装载时触发 Load 事件。通常，Load 事件过程用来包含一个窗体的启动代码，例如，指定控件缺省设置值等。

（3）Unload 事件

运行程序后，如果关闭窗体，就会触发 Unload 事件。

（4）Activate 事件

当一个窗体变为活动窗体时，就会触发 Activate 事件。

【例 4-1】编写程序，程序进入运行状态后，自动将窗体的大小设置为屏幕大小的一半并使窗体居中显示，并且在窗体上单击时，窗体的背景色会随机发生变化。

进入 VB 编程环境后，根据题目要求在代码窗口中编写程序如下：

```
Private Sub Form_Load()
    Form1.Width = Screen.Width * 0.5          '设置窗体的宽度
    Form1.Height = Screen.Height * 0.5        '设置窗体的高度
    Form1.Left = (Screen.Width - Width) / 2   '在水平方向上居中显示
    Form1.Top = (Screen.Height - Height) / 2  '在垂直方向上居中显示
End Sub
Private Sub Form_Click()
    Red=int(Rnd *256)
    Green=int(Rnd *256)
    Blue=int(Rnd *256)
        Form1.BackColor = Rgb(Red,Green,Blue)    '随机改变窗体背景颜色
    End Sub
```

该程序中的 Load 事件是窗体能够响应的一个事件，只要启动应用程序，窗体被装入内存，就会触发 Load 事件。Load 事件过程通常用来对对象的属性和变量进行初始化。

要想改变窗体的尺寸，就需要对窗体的 Height 和 Width 这两个属性进行设置。Height 是指窗体的高度，Width 是指窗体的宽度，单位为 twip（1 英寸约等于 1440twip）。本例中是把窗体的高度和宽度都设为屏幕窗口（Screen）尺寸的一半。

4.1.4　窗体常用的方法

1. Show 方法

Show 方法用于显示指定的窗体，如果指定的窗体没有装载，VB 将自动装载该窗体。Show 方法的调用格式如下：

[Object.] Show [Style]

若 Show 方法前面没有指明对象，隐含指当前窗体。参数 Style 是一个可选的整数，它决定显示的窗体是有模式的还是无模式的。若 Style 为 1，则窗体显示是有模式的。此时，Show 后面的代码暂停执行，直到该窗体被隐藏或卸载时才执行；若 Style 为 0，则窗体显示为无模式的，Show 后面的代码被紧接着执行。

2. Hide 方法

Hide 方法用于隐藏指定的窗体，Hide 方法将指定窗体的 Visible 属性设置为 False，使窗体不可见，但并没有将其卸载。如果调用 Hide 方法时窗体还没有加载，那么 Hide 方法将加载该窗体但不显示它。Hide 方法的调用格式如下：

[Object.] Hide

若 Hide 方法前面没有指明对象，隐含指当前窗体。

例如，运行下面的代码，在窗体上单击则会隐藏窗体并显示提示信息，单击"确定"按钮后又显示刚才被隐藏的窗体。

```
Private Sub Form_Click()
    Hide
```

```
        MsgBox "单击"确定"按钮重新显示窗体"
        Show
End Sub
```

4.2   控件介绍

控件是 VB 通过控件箱提供的与用户交互的可视化部件，在窗体中使用控件可以方便地获取用户的输入，也可以显示程序的输出。

VB 的控件分为内部控件、ActiveX 控件和可插入对象三类。

1.   内部控件

内部控件是由 VB 本身提供的控件，也称为常用控件，这些控件总是显示在控件箱中，不能从控件箱中删除。内部控件如图 4-4 所示。

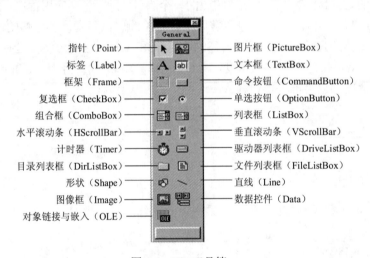

指针（Point）　　　　　　　　　　　图片框（PictureBox）
标签（Label）　　　　　　　　　　　文本框（TextBox）
框架（Frame）　　　　　　　　　　　命令按钮（CommandButton）
复选框（CheckBox）　　　　　　　　单选按钮（OptionButton）
组合框（ComboBox）　　　　　　　　列表框（ListBox）
水平滚动条（HScrollBar）　　　　　　垂直滚动条（VScrollBar）
计时器（Timer）　　　　　　　　　　驱动器列表框（DriveListBox）
目录列表框（DirListBox）　　　　　　文件列表框（FileListBox）
形状（Shape）　　　　　　　　　　　直线（Line）
图像框（Image）　　　　　　　　　　数据控件（Data）
对象链接与嵌入（OLE）

图 4-4   VB 工具箱

2. ActiveX 控件

ActiveX 控件是 VB 控件箱的扩充部分，这些控件在使用之前必须添加到工具箱中。添加的操作步骤如下：

（1）右击工具箱，出现快捷菜单。

（2）选择快捷菜单中的"部件"命令，出现"部件"选项卡。

（3）单击复选框来选择需要添加的 ActiveX 控件。

（4）单击"确定"按钮，在窗体的工具箱中就出现了添加的控件。

3. 可插入对象

可插入对象是由其他应用程序创建的对象，利用可插入对象，就可以在 VB 应用程序中使用其他应用程序的对象。添加可插入对象到工具箱与添加 ActiveX 控件的方法相同。

4.3　内部控件

VB 使得程序设计人员在制作用户界面时，只需拖动所需的控件到窗体中，然后对控件进行属性设置和编写事件过程即可，大大减轻了用户界面设计工作。

内部控件又称标准控件，总是会出现在工具箱中，不可以从工具箱中删除。

4.3.1　标签（Label）

标签控件的功能是显示文本信息，程序运行时，用户不能直接修改它显示的文本。由于标签的这一特点，它常常被用作窗体上其他控件的说明和提示。标签控件的主要属性如表 4-2 所列。

表 4-2　标签常用属性

属性	说明
Name（名称）	设置标签名称，供程序使用
AutoSize	设置标签的大小是否能自动调整以完整显示文本内容
BorderStyle	设置标签有无边框，0 - 无边框（缺省值）；1 - 有边框
Caption	设置标签上要显示的文本内容
Left	设置标签距窗体左边界的距离
Top	设置标签距窗体上边界的距离
WordWrap	设置标签中所显示的文本是否能自动折行

在缺省情况下，标题（Caption）是标签控件的唯一可见部分。如果把 BorderStyle 属性设置为 1，那么标签就有了一个边框，看起来就像是一个文本框。还可以通过设置标签的 BackColor、ForeColor 和 Font 等属性来改变标签的外观。

VB 为标签提供了 AutoSize 和 WordWrap 两个属性，专门用于在程序运行过程中改变标签框尺寸以适应较长或较短的标题内容。为使标签能自动调整以适应内容的多少和文字的大小，必须将 AutoSize 属性值设置为 True，这样标签框可以水平扩充以适应 Caption 属性内容。为使 Caption 属性的内容自动换行并垂直扩充，还需将 WordWrap 属性设置为 True。

4.3.2　文本框（TextBox）

文本框（TextBox）是一种通用控件，可以由用户输入或显示文本信息。缺省时，文本框只能输入单行文本，并且最多输入 2048 个字符。若将文本框的 MultiLine 属性设置为 True，则可以输入多行文本，并且文本的内容可达 32K。

1.　文本框的属性

文本框主要属性如表 4-3 所列。

表 4-3　文本框常用属性

属性	说明
Name（名称）	设置文本框名字，供程序使用
Text	文本框中显示的文本内容
MultiLine	属性值为 True 时，可以接收多行文本，缺省值为 False
ScrollBars	0 – 没有滚动条，1 – 只有水平滚动条，2 – 只有垂直滚动条，3 – 同时具有水平及垂直滚动条
PasswordChar	指定显示在文本框中的代替符，如一串"*"号等。常用于密码的输入
MaxLength	指定显示在文本框中的字符数，超出部分不接收
Locked	决定文本内容是否可编辑，属性值为 True 时，文本内容不可修改

2. 文本框的事件

（1）Change 事件

当用户输入新内容或在程序中修改 Text 属性值，从而改变文本框的 Text 属性值时会引发该事件。

（2）KeyPress 事件

当用户按下并且释放键盘上的一个 ANSI 键时，就会引发 KeyPress 事件，并且会返回一个 KeyPress 参数（所按键的 ASCII 码值）到该事件过程。

【例 4-2】编写程序，建立两个文本框，当在第一个文本框中输入字符时，在第二个文本框中显示该字符的 ASCII 码。

操作步骤：

（1）新建一个工程。

（2）在窗体上添加两个文本框。各对象属性设置如表 4-4 所列。

表 4-4　对象属性设置

对象名称	属性	属性值	说明
Text1	Text	空白	程序启动时文本框内无文本
Text2	Text	空白	程序启动时文本框内无文本
	Locked	True	设置该文本框不可编辑

（2）编写文本框 Text1 的 KeyPress 事件代码如下：

```
Private Sub Text1_KeyPress(KeyAscii As Integer)
    Text2.Text = Text2.Text + Str(KeyAscii)
End Sub
```

程序运行结果如图 4-5 所示。

4.3.3　命令按钮（Command）

在应用程序中，命令按钮的应用非常广泛，其主要属性是 Caption 属性，该属性用于设置在按钮上显示的文本。命令按钮常见事件是 Click 事件。

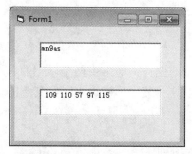

图 4-5 【例 4-2】运行结果

【例 4-3】编写程序，由用户从键盘上输入两个数，然后求这两个数的和，并将结果显示出来。

操作步骤如下：

（1）新建一个工程。

（2）在窗体上添加三个文本框、三个标签和一个命令按钮，各对象属性设置如表 4-5 所列。

表 4-5 对象属性设置

对象名称	属性	属性值	说明
Text1	Text	空白	程序启动时文本框内无文本
Text2	Text	空白	程序启动时文本框内无文本
Text3	Text	空白	程序启动时文本框内无文本
	Locked	True	设置该文本框不可编辑
Label1	Caption	加数 1	标签框标题
Label2	Caption	加数 2	标签框标题
Label3	Caption	和	标签框标题
Command1	Caption	求和	命令按钮标题

（3）编写命令按钮 Command1 的 Click 事件代码如下：

```
Private Sub Command1_Click()
    Dim a As Single, b As Single
    a = Val(Text1.Text)      '将文本框 1 中的字符转变为数值存入变量 a
    b = Val(Text2.Text)      '将文本框 2 中的字符转变为数值存入变量 b
    Text3.Text = Str(a + b)  '将 a、b 之和转变为字符显示在文本框 3 中
End Sub
```

程序运行时，在文本框 1 和文本框 2 中输入数值后单击命令按钮，文本框 3 中就会显示出计算结果。

程序运行结果如图 4-6 所示。

图 4-6 【例 4-3】运行结果

4.3.4　单选按钮（OptionButton）

单选按钮控件是一种开关型的控件，通常由两个以上的单选按钮组成相互排斥的选项组。任何时候，只能选择其中的一项。当某一项被选中时，其圆圈中出现一个黑点，表示被选中。

1. 单选按钮的属性

单选按钮常用属性如表 4-6 所列。

表 4-6　单选按钮常用属性

属性	说明
Name（名称）	设置单选按钮名字，供程序使用
Caption	设置单选按钮标题，即按钮上边显示的文本
Value	设置单选按钮的状态，True 表示被选定，False 表示未被选定
Style	设置单选按钮的显示方式，0（Standard）－标准方式，1（Graphical）－图形方式

【例 4-4】编写程序，通过单选按钮来控制文本框中的字体设置。

操作步骤如下：

（1）新建一个工程。

（2）在窗体上添加一个文本框和三个单选按钮。各对象属性设置如表 4-7 所列。

表 4-7　对象属性设置

对象名称	属性	属性值	说明
Text1	Text	VB 程序设计	文本框显示的内容
	Font	宋体	显示文本的字体
Option1	Caption	宋体	按钮标题
	Value	True	初始选中该按钮
Option2	Caption	黑体	按钮标题
	Value	False	初始未选中该按钮
Option3	Caption	楷体	按钮标题
	Value	False	初始未选中该按钮

（3）编写命令按钮 Option1～Option3 的 Click 事件代码分别如下：

```
Private Sub Option1_Click()
    Text1.Font.Name = "宋体"
End Sub
Private Sub Option2_Click()
    Text1.Font.Name = "黑体"
End Sub
Private Sub Option3_Click()
    Text1.Font.Name = "楷体"
End Sub
```

程序运行结果如图 4-7 所示。

图 4-7　【例 4-4】运行结果

4.3.5　复选框（CheckBox）

复选框控件可以列出供用户选择的选项，用户可根据需要，选定其中的一项或多项。被选中项边上的小方框中会出现一个对勾"√"，表示该项被选中。

复选框常用属性如表 4-8 所列。

表 4-8　复选框常用属性

属性	说明
Name（名称）	设置复选框名字，供程序使用
Caption	设置复选框标题，即按钮上边显示的文本
Value	设置复选框的状态，0（Unchecked）—表示未被选中，1（Checked）—表示被选中，2（Grayed）—灰色，表示禁止选择
Style	设置复选框的显示方式，0（Standard）—标准方式，1（Graphical）—图形方式

【例 4-5】编写程序，通过复选框控制文本框中的字体设置。

操作步骤：

（1）新建一个工程。

（2）在窗体上添加一个文本框和三个复选框。各对象属性设置如表 4-9 所列。

表 4-9　对象属性设置

对象名称	属性	属性值	说明
Label1	Caption	复选框使用示例	标签显示的内容
Check1	Caption	粗体	按钮标题
Check2	Caption	斜体	按钮标题
Check3	Caption	下划线	按钮标题

（3）编写命令按钮 Check1~Check3 的 Click 事件代码分别如下：

```
Private Sub Check1_Click()
If Check1.Value = 1 Then
    Label1.Font.Bold = True    '设为粗体
Else
```

```
        Label1.Font.Bold = False
End If
End Sub
Private Sub Check2_Click()
If Check2.Value = 1 Then
        Label1.Font.Italic = True        '设为斜体
Else
        Label1.Font.Italic = False
End If
End Sub
Private Sub Check3_Click()
If Check3.Value = 1 Then
        Label1.Font.Underline = True        '带下划线
Else
        Label1.Font.Underline = False
End If
End Sub
```

程序运行结果如图 4-8 所示。

图 4-8   【例 4-5】运行结果

4.3.6　列表框（ListBox）

列表框控件可以列出若干选项供用户从中选择一项或多项，并对其作某种处理。表 4-10 给出了列表框常用属性。

表 4-10　列表框常用属性

属性	说明
List	该属性值是一个字符型数组，下标从 0 开始，每个数组元素都是列表框中的一个列表项。例如 List1.List(2)表示 List1 中的第 3 个列表项值
ListCount	列表框中列表项的总项数
ListIndex	当前选中列表项的下标序号，注意序号从 0 开始。如果用户没有从列表框中选择任何选项，则 ListIndex=-1
MultiSelect	该属性决定列表框中是否允许选择多项，MultiSelect=0，禁止多项选择；MultiSelect=1，通过单击鼠标或按空格键表示选定或取消选定一个选项；MultiSelect=2，扩展多项选择
Selected	该属性只能在程序中使用。例如 List1.Selected(2)=True 表示选中列表框中的第 3 个列表项
Text	该属性用于保存列表框中选中列表项的值

列表框常用方法如下：

（1）AddItem 方法

格式：列表框.AddItem(项目字符串)[,索引值]

功能：AddItem 方法把"项目字符串"的文本放到列表框中。

说明：如果省略了"索引值"，则文本被放在列表框的尾部。可以用"索引值"指定插入项在列表框中的位置，表中的项目是从 0 开始计数的，"索引值"不能大于表中项数 ListCount-1。

（2）RemoveItem 方法

格式：列表框.RemoveItem(索引值)

功能：该方法用来删除列表框中指定的项目。

说明：该方法从列表框中删除以"索引值"为地址的项目，每次只删除一个项目。

（3）Clear 方法

格式：列表框.Clear

功能：该方法用来清除列表框中的全部内容。

说明：执行 Clear 方法后，ListCount 重新被设置为 0。

【例 4-6】编写程序，程序运行时，在列表框中列出 1-1000 范围的整数，单击任意一个数，程序判断该数是否是素数，并把判断结果显示在窗体中。

操作步骤如下：

（1）新建一个工程。

（2）在窗体上添加一个列表框、三个标签、一个命令按钮。各对象属性设置如表 4-11 所列。

表 4-11　对象属性设置

对象名称	属性	属性值	说明
Label1	Caption	请选择一个数	标签显示的内容
Label2	Caption	判断结果	标签显示的内容
Label3	Caption	空白	用于显示判断的结果
List1	List	空白	
Command1	Caption	判断	

（3）编写窗体 Load 事件代码如下：

```
Private Sub Form_Load()
    For i = 1 To 1000
        List1.AddItem Str(i)
    Next i
End Sub
```

编写命令按钮 Command1 的 Click 事件代码如下：

```
Private Sub Command1_Click()
    Dim s As Integer, n As Integer
    s = 0
    n = Val(List1.Text)
    For i = 2 To Int(Sqr(n))
        If n Mod i = 0 Then
            s = 1
```

```
Exit For
    End If
 Next i
 If s = 1 Then
    Label3.ForeColor = vbRed
    Label3.Caption = List1.Text & "不是一个素数！"
 Else
    Label3.ForeColor = vbBlue
    Label3.Caption = List1.Text & " 是一个素数！"
 End If
End Sub
```

程序运行结果如图 4-9 所示。

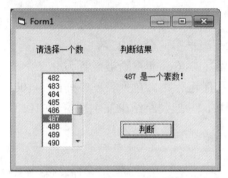

图 4-9   【例 4-6】运行结果

4.3.7   组合框（ComboBox）

组合框实际上是将列表框和文本框的功能综合而成的，既可以像列表框一样让用户选择其中的选项，又能像文本框一样，由用户输入自己指定的内容。

4.3.6 节介绍的列表框的属性和方法同样适合组合框。另外，组合框还有三种不同的形式，如表 4-12 所列。

表 4-12   组合框的三种形式

Style 属性值	说明
0-下拉式组合框（有下拉选项、允许用户输入）	包括一个文本框和一个下拉式列表。可以从列表选择或在文本框中输入
1-简单组合框（无下拉选项、允许用户输入）	简单组合框，包括一个文本框和一个不能下拉的列表。可以从列表中选择或在文本框中输入
2-下拉式列表框（有下拉选项、不允许用户输入）	下拉式列表框，仅允许从下拉式列表中选择（适合选择固定项），不能在文本框内输入文本

【例 4-7】编写程序，由用户选择或输入一个两位或三位整数，程序判别它是否是同构数，并把判断结果显示在窗体中。所谓"同构数"，是指这样的整数：它恰好出现在其平方数的右端，例如 6 和 25 就是同构数。

操作步骤如下：

（1）新建一个工程。

（2）在窗体上添加一个组合框、一个标签框和一个命令按钮，各对象属性设置如表 4-13 所列。

表 4-13 对象属性设置

对象名称	属性	属性值	说明
Label1	Caption	空白	用于显示判定结果
Combo1	List	空白	
Command1	Caption	判定	按钮标题

（3）编写窗体 Load 事件代码如下：

```
Private Sub Form_Load()
    For i = 10 To 999
        Combo1.AddItem Str(i)
    Next i
End Sub
```

编写命令按钮 Command1 的 Click 事件代码如下：

```
Private Sub Command1_Click()
    n = Val(Combo1.Text)
    If n = n ^ 2 Mod 100 Or n = n ^ 2 Mod 1000 Then
        Label1.Caption = "该数是同构数，因为" + Str(n) + "平方为" + Str(n ^ 2)
    Else
        Label1.Caption = "该数不是同构数"
    End If
End Sub
```

程序运行结果如图 4-10 所示。

图 4-10 【例 4-7】运行结果

4.3.8 滚动条（ScrollBar）

滚动条是一种常用来取代用户输入的控件，特别适用于不需要精确输入数据的场合。滚动条控件有两种：水平滚动条（HScrollBars）和垂直滚动条（VScrollBars）。除了方向之外，水平滚动条和垂直滚动条的动作是相同的。

滚动条的常用属性如表 4-14 所列。

滚动条可以识别多种事件，但最重要的是 Change 和 Scroll 事件。在程序运行过程中，每当滚动条的 Value 属性值发生变化时，就发生 Change 事件。在滚动条内拖动滑动块时，则触发滚动条的 Scroll 事件。

表 4-14　滚动条的常用属性

属性	说明
Min、Max	滚动条所能代表的最小值、最大值，其取值范围为：-32768～32767。Min 属性的默认值为 0，Max 属性的默认值为 32767
Value	滚动条的当前位置所表示的值
LargeChange	当用户单击滚动框和滚动箭头之向的区域时，滚动条控件 Value 属性值的改变量，默认值为 1
SmallChange	当用户单击滚动箭头时，滚动条控件 Value 属性值的改变量，默认值为 1

【例 4-8】编写程序，通过滚动条来改变文本框中文本的大小。

操作步骤如下：

（1）新建一个工程。

（2）在窗体上添加一个文本框、一个滚动条，各对象属性设置如表 4-15 所列。

表 4-15　对象属性设置

对象名称	属性	属性值	说明
Text1	Text	学习 VB 程序设计	
Hscroll1	Max	72	字号最大值
	Min	8	字号最小值

（3）编写滚动条 Change 事件代码如下：

```
Private Sub HScroll1_Change()
    Text1.FontSize = HScroll1.Value
End Sub
```

程序运行结果如图 4-11 所示。

图 4-11　【例 4-8】运行结果

4.3.9　计时器（Timer）

计时器（Timer）控件可以每隔一定的时间就产生一次 Timer 事件。计时器控件在设计时可见，运行时则是不可见的，常用于做一些后台处理工作。计时器控件最常用的属性是 Interval 属性，该属性决定触发 Timer 事件的时间间隔毫秒数。缺省值为 0，即计时器不起作用。计时器的另外一个常用属性是 Enabled，该属性设置为 True 时，计时器工作；设为 False 时，计时器被关闭。

计时器控件只有一个 Timer 事件，在该事件过程中编程可以完成应用程序所需的定时动作。

【例 4-9】编写一个程序，使得"欢迎学习 VB 程序设计"的内容在窗体上从右向左循环滚动显示。

操作步骤如下：

（1）新建一个工程。

（2）在窗体上添加一个标签和一个计时器，各对象属性设置如表 4-16 所列。

表 4-16　对象属性设置

对象名称	属性	属性值	说明
Label1	Caption	欢迎学习 VB 程序设计	
Timer1	Interval	1000	文本移动的时间间隔

（3）编写计时器 Timer 事件代码如下：

```
Private Sub Timer1_Timer()
    Label1.Left = Label1.Left - 20
    If Label1.Left + Label1.Width < 0 Then
        Label1.Left = Form1.Width
    End If
End Sub
```

程序运行结果如图 4-12 所示。

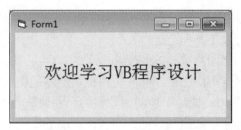

图 4-12　【例 4-9】运行结果

4.3.10　图片框（PictureBox）

图片框（PictureBox）控件可以用来显示图片。实际显示的图片由 Picture 属性决定，Picture 属性包括被显示图片的文件名及可选的路径名。在程序运行时可以使用函数 LoadPicture 在图片框中装入图片。其格式为：

```
图片框对象名.Picture=LoadPicture("图片文件名")
```

PictureBox 控件具有 AutoSize 属性，当该属性设置为 True 时，PictureBox 能自动调整大小与显示的图片匹配；当该属性设置为 False 时，则图片框不能自动改变大小来适应其中的图片，这意味着如果图片比图片框空间大，则超过的部分将被剪裁掉。

【例 4-10】编写程序，在窗体上添加一个图片框 Picture1 和一个命令按钮，运行时，单击该按钮，程序把指定的图片装入图片框。

操作步骤如下：

（1）建立一个新工程。

（2）在窗体上添加一个图片框和一个命令按钮。

（3）编写命令按钮 Click 事件代码如下：

```
Private Sub Command1_Click()
        Picture1.Picture = LoadPicture("c:\fengjing.jpg")        '装载指定图片
End Sub
```

程序运行结果如图 4-13 所示。

图 4-13　【例 4-10】运行结果

4.3.11　图像框（Image）

图像框（Image）也可以用来装入图片，具体的使用方法与图片框类似。

图像框与图片框主要有以下不同之处：

（1）图像框（Image）比图片框（PictureBox）占内存少。为了节省内存，如果仅仅是在界面上显示图片，一般应尽量用图像框，除非图像框不能满足使用要求。

（2）将图片装入图片框时，图片不能随图片框的尺寸调整大小。如果其 AutoSize 属性为 True 时，图片框可以调整大小以适应图片的大小（注意：不是图片改变大小）；当为 False 时，图片框不能改变大小，只有当图片文件为.wmf 类型（Windows 元文件）时，图片会自动调整大小以填满图片框。

图像框有一个 Stretch（拉伸）属性，当其值为 True 时，图片能自动变化大小以适应图像框的大小；当它为 False 时，图像框会自动改变大小以适应图片的大小，使图片充满图像框（若图片太大，以至图像框即使扩充到窗口边界仍达不到图片大小时，则只能容纳图片的一部分）。

4.3.12　框架（Frame）

框架是一种容器控件，使用框架的主要目的是将其他对象分组，使得它们互不影响。在窗体上创建框架及其内部对象时，必须先创建框架，然后在其内部建立各种对象。需要注意的是，不能使用双击工具箱上工具的方法自动创建对象，而应该先单击工具，然后在框架中适当位置拖拉来创建对象。

【例 4-11】编写程序，用框架将 6 个单选按钮分为 2 组，一组用来改变文本框中文本的字体；另外一组用来改变文本的颜色。

操作步骤如下：

（1）新建一个工程。

（2）在窗体上添加一个文本框、四个单选按钮和两个框架，各对象属性设置如表 4-17
所列。

表 4-17 对象属性设置

对象名称	属性	属性值	说明
Text1	Caption	VB 程序设计	
	ForeColor	红色	文本初始颜色
Frame1	Caption	字体	
Frame2	Caption	颜色	
Option1	Caption	宋体	
	Value	True	初始文本框中文本为宋体
Option2	Caption	黑体	
Option3	Caption	红色	
	Value	True	初始文本框中字体颜色为红色
Option4	Caption	蓝色	

（3）编写各对象的 Click 事件代码如下：

```
Private Sub Option1_Click()
If Option1.Value = True Then
    Text1.FontName = "宋体"
End If
End Sub
Private Sub Option2_Click()
If Option2.Value = True Then
    Text1.FontName = "黑体"
End If
End Sub
Private Sub Option3_Click()
If Option3.Value = True Then
    Text1.ForeColor = vbRed
End If
End Sub
Private Sub Option4_Click()
If Option4.Value = True Then
    Text1.ForeColor = vbBlue
End If
End Sub
```

程序运行结果如图 4-14 所示。

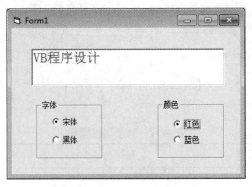

图 4-14　【例 4-11】运行结果

4.4　控件数组

4.4.1　控件数组的概念

如果在应用程序中用到一些类型相同且功能类似的控件，就可以将这些控件定义为一个数组来使用，这种数组就是控件数组。它具备以下特点：

● 共用一个控件名（Name）。

● 具有相同的属性。

● 通过下标索引值（Index）来识别各个控件。

当有若干个控件执行大致相同的操作时，控件数组共享同样的事件过程。在程序运行中，可以利用返回的索引值来识别事件是由数组中哪个控件所引发的。一个控件数组至少应有一个元素，元素数目可在系统资源和内存允许的范围内增加。

4.4.2　创建和使用控件数组

控件数组是通过设置对象的 Index 属性来创建的。一般情况下，每个控件的 Index 属性值为空，只要将控件的 Index 属性值设置为非空（比如 0），则该控件就被定义成了一个控件数组，该控件数组的名字也就是该控件的名字。Index 属性值相当于变量数组中的下标，控件数组中的每个元素，就是通过其 Index 属性来识别的。

可以按以下步骤建立一个控件数组：

（1）在窗体上添加某个控件，然后进行该控件名的属性设置。

（2）选中该控件，进行"复制"和"粘贴"操作，系统会弹出提示对话框，要求确认是否创建控件数组，单击"是"按钮，就建立了一个控件数组。此时系统自动将第一个控件元素的 Index 属性设置为 0，而将复制的第二个控件元素的 Index 属性设置为 1，经过若干次这样的操作，就可建立所需的控件数组了。

（3）进行事件过程的编码。

【例 4-12】编写程序，建立一个包含 4 个命令按钮的控件数组，单击每个命令按钮时，能分别绘制直线、矩形、圆或关闭窗口。

操作步骤如下：

（1）新建一个工程。

（2）在窗体上建立控件数组的 4 个元素（4 个命令按钮），各对象属性设置如表 4-18 所列。

表 4-18　对象属性设置

对象	属性	属性值
Command1	Caption	画直线
	Index	0
Command1	Caption	画矩形
	Index	1
Command1	Caption	画圆
	Index	2
Command1	Caption	关闭
	Index	3

（3）编写程序如下：

```
Private Sub Form_Load()
'设置绘图坐标系
    Me.Scale (-10, 10)-(10, -10)
End Sub
Private Sub Command1_Click(Index As Integer)
    Me.Cls
    Me.FillColor = vbBlue
    Me.FillStyle = 4                    '在图形内部填充 45°斜线
    Select Case Index
    Case 0
        Me.Line (-2, -2)-(2, 2)         '画直线
    Case 1
        Me.Line (-6, -2)-(5, 8), , B    '画矩形
    Case 2
        Me.Circle (0, 0), 2, vbRed      '画半径为 2 的圆
    Case 3
        End                             '结束程序
    End Select
End Sub
```

程序运行结果如图 4-15 所示。

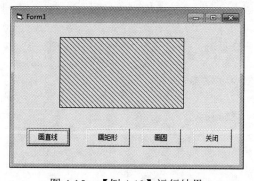

图 4-15　【例 4-12】运行结果

4.5   程序举例

【例 4-13】编写程序，创建一个如图 4-16 所示的窗体，在左边文本框输入星期的中文单词，单击"翻译"按钮，在右侧文本框中显示对应的英文单词。

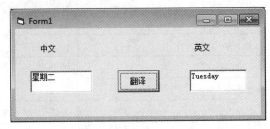

图 4-16   【例 4-13】运行结果

操作步骤如下：

（1）新建一个工程。

（2）在窗体上建立两个标签对象、两个文本框对象和一个命令按钮对象，各对象属性设置如表 4-19 所列。

表 4-19   对象属性设置

对象	属性名	属性值
Form1	Caption	单词翻译
Label1	Caption	中文
Label2	Caption	英文
Text1	Text	空串
Text2	Text	空串
Command1	Caption	翻译

（3）编写程序如下：

```
Private Sub Command1_Click()
Select Case Trim(Text1.Text)
        Case "星期一"
            Text2.Text = "Monday"
        Case "星期二"
            Text2.Text = "Tuesday"
        Case "星期三"
            Text2.Text = "Wednesday"
        Case "星期四"
            Text2.Text = "Thursday"
        Case "星期五"
            Text2.Text = "Friday"
        Case "星期六"
            Text2.Text = "Saturday"
```

```
                Case "星期日"
                        Text2.Text = "Sunday"
                Case Else
                        Text2.Text = "单词输入有误！"
        End Select
    End Sub
    Private Sub Text1_MouseDown(Button As Integer, Shift As Integer, X As Single, Y As Single)
        Text1.Text = ""
        Text2.Text = ""
    End Sub
```

程序运行结果如图 4-16 所示。

【例 4-14】编写程序，创建一个如图 4-17 所示的窗体，利用随机函数产生 10 个两位数整数，根据选中的单选按钮查找相应的数。

图 4-17　【例 4-14】运行结果

操作步骤如下：

（1）新建一个工程。

（2）在窗体上建立两个标签对象、一个文本框对象、两个单选按钮和两个命令按钮对象，各对象属性设置如表 4-20 所列。

表 4-20　对象属性设置

对象	属性名	属性值
Form1	Caption	查找最大数和最小数
Label1	Caption	结果是：
Label2	Caption	空串
	AutoSize	True
Text1	Text	空串
Option1	Caption	查找最大数
Option2	Caption	查找最小数
Command1	Caption	查找
Command2	Caption	重置

（3）编写程序如下：

```
Dim a(10) As Integer
```

```
Private Sub Command1_Click()
    Dim i, max, min As Integer
    If Option1 = True Then
        max = a(1)
        For i = 2 To 10
            If max <a(i) Then
                max = a(i)
            End If
        Next i
        Label2.Caption = max
    End If
    If Option2 = True Then
        min = a(1)
        For i = 2 To 10
            If min >a(i) Then
                min = a(i)
            End If
        Next i
        Label2.Caption = min
    End If
End Sub
Private Sub Command2_Click()
    Dim i As Integer
    Text1.Text = ""
    For i = 1 To 10
        a(i) = Int(Rnd * 90 + 10)
        Text1.Text = Text1.Text & " " &a(i)
    Next i
End Sub
Private Sub Form_Load()
    Randomize
    Dim i As Integer
    For i = 1 To 10
        a(i) = Int(Rnd * 90 + 10)
        Text1.Text = Text1.Text & " " &a(i)
    Next i
End Sub
```

程序运行结果如图 4-17 所示。

习题四

一、选择题

1. 以下叙述中正确的是（   ）。

    A）窗体的 Name 属性指定窗体的名称，用来标识一个窗体

B）窗体的 Name 属性值是显示在窗体标题栏中的文本

C）可以在运行期间改变对象的 Name 属性值

D）对象的 Name 属性值可以为空

2. 当启动程序时，系统自动执行启动窗体的（　　）事件过程。

A）Load　　　　　B）Unload　　　　　C）Click　　　　　D）DblClick

3. 将数据项"China"添加到列表框 List1 中成为第 3 项，应使用（　　）语句。

A）List1.AddItem "China",3　　　　　B）List1.AddItem "China",2

C）List1.AddItem 3,"China"　　　　　D）List1.AddItem 2,"China"

4. 若要使标签框的大小自动与所显示的文本相适应，则可通过设置其（　　）属性值为 True 来实现。

A）AutoSize　　　B）Alignment　　　C）Appearance　　　D）Visible

5. 复选框或单选按钮的当前状态通过（　　）属性来设置或访问。

A）Value　　　　　B）Checked　　　　C）Selected　　　　D）Caption

6. 如果每秒触发 10 次计时器的 Timer 事件，那么计时器的 Interval 属性应设为（　　）。

A）1　　　　　　　B）10　　　　　　　C）100　　　　　　D）1000

7. 设置滚动条控件所能表示最大值的属性是（　　）。

A）LargeChange　　B）Max　　　　　C）Value　　　　　D）Min

8. 决定窗体标题栏内容的属性是（　　）。

A）Index　　　　　B）Caption　　　　C）Name　　　　　D）BackStyle

9. 在程序运行时，可实现信息输入的控件是（　　）。

A）窗口　　　　　B）单选按钮　　　　C）图片框　　　　D）标签

10. 确定控件在窗体上位置的属性是（　　）。

A）Width 和 Height　　　　　　　　　B）Width 和 Top

C）Top 和 Left　　　　　　　　　　　D）Top 和 Height

11. 在 Visual Basic 的控件数组中，用于标识控件数组各个元素的参数是（　　）。

A）Tag　　　　　　B）Index　　　　　C）ListIndex　　　　D）Name

12. 若要求在单行文本框中输入密码时只显示*号，则应在该文本框的属性窗口中设置（　　）。

A）Text 属性值为*　　　　　　　　　B）Caption 属性值为*

C）PasswordChar 属性值为*　　　　　D）PasswordChar 属性值为 True

13. 设置图像框 Image1 的（　　）属性，可以自动调整装入图形的大小以适应图像框的尺寸。

A）AutoSize　　　B）Appearance　　　C）Align　　　　　D）Stretch

14. 下列控件中，没有 Caption 属性的是（　　）。

A）框架　　　　　B）复选框　　　　　C）标签　　　　　D）组合框

15. 设置一个单选按钮（OptionButton）所代表选项的选中状态,应当在属性窗口中改变的属性是（　　）。

A）Caption　　　　B）Name　　　　　C）Value　　　　　D）Text

16. 如果设置文本框最多可以接收的字符数，则可以使用（　　）属性。

A）Length　　　　　B）Multiline　　　　C）Max　　　　　D）MaxLength

二、填空题

1. 复选框的_____属性设置为 2-Grayed 时，将变为灰色，禁止用户使用。

2. Visual Basic 中有一种控件组合了文本框和列表框的特点，这种控件是_____。

3．为了在程序运行时把 d:\pic 文件夹中的图形文件 a.jpg 装入图片框 Picture1，所使用的语句为_____。

4．计时器控件能有规律地以一定的时间间隔触发_____事件，并执行该事件过程中的程序代码。

5．图像框和图片框在使用时有所不同，这两个控件中，能作为容器容纳其他控件的是_____。

6．单击滚动条的箭头时，滚动条默认滚动值为 1。为了实现单击滚动条的箭头时，滚动条的滚动值为 2，需要将其_____属性设置为 2。

7．在窗体中添加一个命令按钮 Command1，并编写如下程序：

PrivateSubCommand1_Click()

x=InputBox(x)

Ifx^2=9Theny=x

Ifx^2<9Theny=1/x

Ifx^2>9Theny=x^2+1

Print y

EndSub

程序运行后，在 InputBox 中输入 3，单击命令按钮，程序的运行结果是_____。

8．窗体中有两个命令按钮："显示"（控件名为 cmdDisplay）和"测试"（控件名为 cmdTest）。当单击"测试"按钮时，执行的事件的功能是在窗体中出现消息框并选中其中的"确定"按钮时，隐藏"显示"按钮；否则退出，请在下划线处填入适当的内容，将程序补充完整。

PrivateSubcmdtest_Click()

Answer=_____ ("隐藏按钮",1)

IfAnswer=bOKThen

cmddisplay.Visible=_____

Else

End

End If

End Sub

三、编程题

1．在 Form 的 Load 事件编写一段程序，利用 Inputbox 函数输入 3 门课的成绩，然后计算出这 3 门课的总分和平均分，以消息框显示出来。

2．如图 4-18 所示，编写程序实现在文本框 Text1 中输入一个 1900 年以后的年份，判断并用消息框输出该年份所对应的生肖。已知 1900 年对应的生肖是鼠；12 生肖的顺序是：鼠牛虎兔龙蛇马羊猴鸡狗猪。

图 4-18　程序运行结果

3．如图 4-19 所示，编写程序通过单选按钮和复选框改变文本框中文本的字体、字型和颜色。

图 4-19　程序运行结果

4．编写程序，窗体上有两个列表框，左侧列表框列出若干个城市名称，当双击某个城市名时，这个城市名添加到右侧列表框中。

5．编程序计算圆面积，如图 4-20 所示，在文本框 Text1 中输入半径的值，单击"计算"命令按钮后，在文本框 Text2 中以只读方式显示出计算结果。

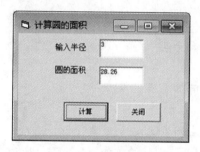

图 4-20　程序运行结果

6．如图 4-21 所示，设计用户登录界面，输入用户名和密码后，单击"登录"按钮后检测用户名和口令是否正确，若正确，则显示信息框"口令正确，允许登录!"，若不正确，则显示信息框"用户名或口令不正确，请重新输入!"。

图 4-21　程序运行结果

5

应用界面设计

学习目标：
- 理解多窗体的基本概念
- 掌握窗体常见的语句和方法
- 了解菜单系统的组成
- 熟悉菜单设计器的使用
- 了解工具栏的概念
- 掌握创建工具栏的方法和步骤
- 掌握 MDI 窗体的概念以及创建的方法
- 理解通用对话框的概念
- 掌握通用对话框控件的添加以及 Action 属性及 Show 方法的使用

5.1 多窗体

多窗体是指一个应用程序中有多个并列的普通窗体，每个窗体可以有自己的界面和程序，完成不同的功能。

5.1.1 添加窗体

通过"工程"菜单上的"添加窗体"命令或工具栏上的"添加窗体"按钮打开"添加窗体"对话框，选择"新建"选项卡就可以新建一个窗体；选择"现存"选项卡可以把一个属于其他工程的窗体添加到当前工程中。

5.1.2 设置启动对象

一个应用程序若具有多个窗体，它们是并列关系，在程序运行过程中，首先执行的对象被称为启动对象。通常情况下，第一个创建的窗体被默认为启动对象，启动对象既可以是窗体，也可以是 Main 子过程。需要注意的是，Main 子过程必须放在标准模块中，不能放在窗体模块中。

设置启动对象的方法是，选择"工程"菜单中的"属性"命令，进入到"工程属性"对话框，单击"通用"选项卡，在"启动对象"下拉列表框中选择启动对象，如图 5-1 所示。

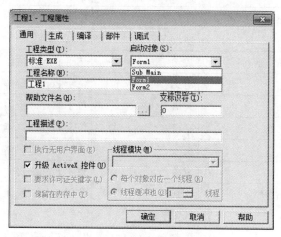

图 5-1　"工程属性"对话框

5.1.3　窗体常见的语句和方法

（1）Load 语句

该语句把一个窗体装入内存。此时窗体没有显示出来，但是可以引用窗体中的控件及属性。Load 语句的格式为：

Load 窗体名称

（2）UnLoad 语句

该语句把一个窗体从内存中删除，UnLoad 语句的格式为：

UnLoad 窗体名称

例如，UnLoad Me，表示关闭当前窗体，这里的关键字 Me 代表 UnLoad Me 语句所在的窗体。

（3）Show 方法

该方法用来显示一个窗体，它兼有加载和显示两种功能。Show 方法的格式为：

[窗体名].Show

如果不指定窗体名称（缺省）即指当前窗体。

（4）Hide 方法

该方法用来将指定的窗体隐藏起来，使其不可见，即不在屏幕上显示。Hide 方法格式为：

[窗体名].Hide

如果不指定窗体名称（缺省）即指当前窗体。

【例 5-1】编写程序，输入 3 门课的成绩，计算并显示平均成绩。

操作步骤如下：

（1）新建一个工程。

（2）通过"工程"菜单的"添加窗体"命令创建三个窗体。设置对象的有关属性如表 5-1 所列。

表 5-1　对象属性设置

对象名称	属性	属性值	说明
Form1	Caption	主窗体	
Command1	Caption	输入成绩	位于 Form1 窗体
Command2	Caption	计算平均分	位于 Form1 窗体
Form2	Caption	输入成绩	
Label1	Caption	数学	位于 Form2 窗体
Label2	Caption	语文	位于 Form2 窗体
Label3	Caption	英语	位于 Form2 窗体
Text1		空白	位于 Form2 窗体
Text2		空白	位于 Form2 窗体
Text3		空白	位于 Form2 窗体
Command1	Caption	返回	位于 Form2 窗体
Form3	Caption	计算平均分	
Label1	Caption	平均分：	位于 Form3 窗体
Text1		空白	位于 Form3 窗体
Command1	Caption	返回	位于 Form3 窗体

（3）编写各对象 Click 事件代码如下：

```
'Form1 的事件代码
Private Sub Command1_Click()
    Form1.Hide
    Form2.Show
End Sub
Private Sub Command2_Click()
    Form1.Hide
    Form3.Show
End Sub
'Form2 的事件代码
Private Sub Command1_Click()
    Form1.Show
    Form2.Hide
End Sub
'Form3 的事件代码
Private Sub Command1_Click()
    Form3.Hide
    Form1.Show
End Sub
Private Sub Form_Activate()
    Text1.Text = (Val(Form2.Text1) + Val(Form2.Text2) + Val(Form2.Text3)) / 3
End Sub
```

程序运行结果如图 5-2 所示。

图 5-2　【例 5-1】运行结果

5.2　菜单

菜单为软件提供了人机对话界面，以便让用户选择应用各种功能，同时管理应用系统，控制各功能模块的运行。设计良好的菜单可以提高软件质量，为用户的使用带来便利。

5.2.1　菜单简介

Windows 系统中的菜单可分为下拉式菜单和弹出式菜单两种类型，下拉式菜单位于窗口顶部，下拉式菜单的界面元素如图 5-3 所示。

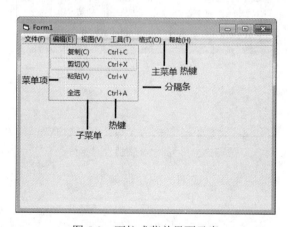

图 5-3　下拉式菜单界面元素

弹出式菜单又称快捷菜单，是独立于窗体菜单栏而显示在窗体内的浮动菜单。显示在弹出式菜单上的菜单项取决于鼠标右键按下时指针所在的位置，弹出式菜单如图 5-4 所示。

图 5-4　弹出式菜单

5.2.2　菜单编辑器

程序设计中往窗体上添加菜单时，需要使用 Visual Basic 自带的菜单编辑器来实现。

可以通过以下方式打开菜单编辑器：

（1）选择"工具"菜单中的"菜单编辑器"命令。

（2）单击工具栏上的"菜单编辑器"按钮。

（3）在要建立菜单的窗体上单击鼠标右键，将弹出一个如图 5-4 所示的菜单，然后选择"菜单编辑器"命令。

（4）选中窗体后，使用热键 Ctrl+E。

打开后的"菜单编辑器"对话框如图 5-5 所示。它分为上下两部分：上半部分用来设置属性，下半部分用来显示用户设置的菜单和菜单项。

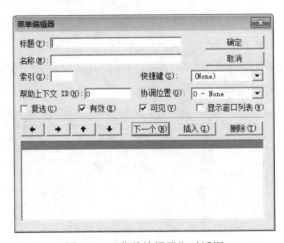

图 5-5　"菜单编辑器"对话框

"菜单编辑器"对话框中主要组成部分的功能如下。

1．"标题"输入框

"标题"输入框是一个文本框，用来输入菜单项上出现的字符。

菜单项之间的分隔条，可通过在"菜单编辑器"对话框的"标题"输入框中输入"-"（减号）来实现。为菜单项建立"热键"，可在欲作为"热键"的字母前插入"&"符号来实现。

2．"名称"输入框

在"名称"输入框中可以确定菜单项的控件名，控件名用来在代码中引用该菜单项。

3．"索引"输入框

"索引"输入框是一个文本框，用来建立控件数组下标。

4．"快捷键"输入框

"快捷键"输入框是一个列表框，在其右侧有一个下拉箭头，单击这个箭头会出现一个列表框，列出了可供用户选择的快捷键。

5. "复选"复选框

"复选"复选框允许用户设置某一菜单项是否可复选，即在菜单项左边加上"√"标记。

6. "有效"复选框

"有效"复选框用来设置该菜单项是否可执行，即这一菜单项是否响应某事件。如果被设置为 False，则不能访问这一菜单项，菜单项呈灰色显示。

7. "可见"复选框

如果设计菜单项时，"可见"复选框未被选中，则该菜单项将来运行时是不可见的。

8. 箭头按钮

"菜单编辑器"对话框中间有 4 个箭头按钮。上下箭头按钮可将选中的菜单项向上或向下移动一位，从而改变菜单中各菜单项的顺序。左右箭头按钮用于将菜单项向左或向右缩进。

在"菜单编辑器"对话框的中间还有 3 个按钮："下一个""插入"和"删除"。

在"菜单编辑器"对话框的下部是一个空白列表框，列出了用户设计的所有菜单项。

【例 5-2】编写程序，通过菜单控制文本框中文本的字体格式和颜色等。将文本框的 MultiLine 属性设为 True，以使文本框可以输入多行文本。菜单结构如表 5-2 所列。

操作步骤如下：

（1）新建一个工程。

（2）选择"工具"菜单中的"菜单编辑器"命令，打开"菜单编辑器"对话框，按表 5-2 所列设置各菜单项。

表 5-2　菜单结构

菜单项标题	快捷键	名称	选中的复选框
格式（&S）		mnuStyle	有效、可见
....加粗	Ctrl+B	mnuBold	有效、可见
....下划线	Ctrl+U	mnuUnder	有效、可见
....-		mnuBlank	有效、可见
....倾斜	Ctrl+I	mnuItalic	有效、可见
颜色（&C）		mnuColor	有效、可见
....前景色		mnuForecolor	有效、可见
........红色		mnuRed	有效、可见
........蓝色		mnuBlue	有效、可见

（3）编写各菜单项 Click 事件代码如下：

```
Private Sub mnuBlue_Click()
  Text1.ForeColor = vbBlue
End Sub
Private Sub mnuBold_Click()
If mnuBold.Checked = True Then
     Text1.FontBold = False
```

```
        mnuBold.Checked = False
Else
        Text1.FontBold = True
        mnuBold.Checked = True
End If
End Sub
Private Sub mnuItalic_Click()
If mnuItalic.Checked = True Then
        Text1.FontItalic = False
        mnuItalic.Checked = False
Else
        Text1.FontItalic = True
        mnuItalic.Checked = True
End If
End Sub
Private Sub mnuRed_Click()
    Text1.ForeColor = vbRed
End Sub
Private Sub mnuUnder_Click()
If mnuUnder.Checked = True Then
        Text1.FontUnderline = False
        mnuUnder.Checked = False
Else
        Text1.FontUnderline = True
        mnuUnder.Checked = True
End If
End Sub
```

程序运行结果如图 5-6 所示。

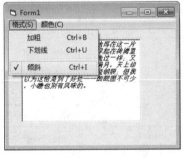

图 5-6   【例 5-2】运行结果

5.2.3   弹出式菜单

在实际应用中，除下拉式菜单外，Windows 还广泛应用弹出式菜单，一般在应用程序窗口或对象上单击鼠标右键都可以显示一个弹出式菜单。跟下拉式菜单相比，弹出式菜单可以在窗口的任意位置打开，使用方便，具有较大的灵活性。

弹出式菜单首先也要通过"菜单编辑器"建立，然后用 PopupMenu 方法显示弹出式菜单。

菜单的建立方法与前面相同，如果不希望菜单出现在窗口的顶部，在设计菜单时，不要选中菜单的"可见"复选框。

PopupMenu 方法显示弹出式菜单，其使用格式为：

[对象].PopupMenu 菜单名[,Flags,X,Y,BoldCommand]

其中"菜单名"是菜单编辑器中定义的主菜单名，X、Y 为弹出式菜单在窗体上的显示位置（与 Flags 参数配合使用）；BoldCommand 参数用来在弹出式菜单中显示一个菜单控制；Flags 参数用来指定弹出式菜单的位置及行为，如表 5-3 所列。

表 5-3　Flags 参数含义

分类	常数	值	说明
位置	vbPopupMenuLeftAlign	0	X 位置确定弹出式菜单的左边界（默认）
	vbPopupMenuCenterAlign	4	弹出式菜单以 X 为中心
	vbPopupMenuRightAlign	8	X 位置确定弹出式菜单的右边界
行为	vbPopupMenuLeftButton	0	只能用鼠标左键触发弹出式菜单（默认）
	vbPopupMenuLeftButton	2	能用鼠标左键和右键触发弹出式菜单

这些参数除了"菜单名"是必需的外，其他都是可选的。省略"对象"时，弹出式菜单只在窗体上显示。

为了显示弹出式菜单，通常把 PopupMenu 方法放在 MouseDown 事件中，该事件响应所有的鼠标单击操作。一般情况下，单击鼠标右键显示弹出式菜单，可以通过设定 Button 参数来实现，Button=1 表示按下鼠标左键，Button=2 表示按下鼠标右键。

例如，若要将例 5-2 中的"格式"菜单做成弹出式菜单，添加如下代码即可：

```
Private Sub Form_MouseDown(Button As Integer, Shift As Integer, X As Single, Y As Single)
If Button = 2 Then
     PopupMenu mnuStyle
End If
End Sub
```

在窗体上单击鼠标右键就会弹出"格式"菜单。

5.3　工具栏

工具栏为用户提供了对应用程序中最常用的菜单命令的快速访问，进一步增强应用程序的菜单界面功能。制作工具栏比较简单的方法是使用 Toolbar、ImageList 控件。使用这些控件前必须选择"工程"菜单的"部件"命令，打开"部件"对话框，选择"Microsoft Windows Common Controls 6.0"，先将这些控件添加到工具箱。

创建工具栏的步骤如下：

（1）在 ImageList 控件中添加所需的图像。

（2）在 Toolbar 控件中创建 Button 对象。

（3）在 ButtonClick 事件中对各按钮进行相应的编程。

5.3.1   在 ImageList 控件中添加所需的图像

在窗体上添加 ImageList 控件，然后右击该控件，从弹出的快捷菜单中选择"属性"命令，然后在"属性页"对话框中选择"图像"选项卡，如图 5-7 所示。

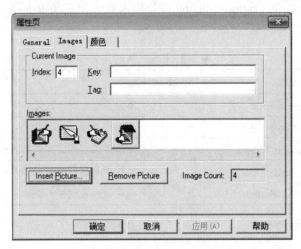

图 5-7   ImageList 控件"属性页"对话框

其中：
- "索引"表示每个图像的编号，在 Toolbar 的按钮中引用。
- "关键字"表示每个图像的标识名，在 Toolbar 的按钮中引用。
- "图像数"表示已插入的图像数量。
- "插入图片"按钮用于插入新图像。
- "删除图片"按钮用于删除选中的图像。

5.3.2   在 Toolbar 控件中添加按钮

Toolbar 工具栏可以建立多个按钮，每个按钮的图像来自 ImageList 对象中插入的图像。
（1）为工具栏连接图像
在窗体上增加 Toolbar 控件后，右击 Toolbar 控件，打开"属性页"对话框，选择"通用"选项卡，如图 5-8 所示，其中"图像列表（ImageList）"下拉列表框表示与 ImageList 控件的连接，在此选择 ImageList 控件名。
（2）为工具栏添加按钮
在如图 5-8 所示的对话框中，打开 Buttons 选项卡，如图 5-9 所示。
单击"插入按钮"可以在工具栏上插入 Button 对象。
该选项卡主要组成部分有：
- "索引"文本框表示每个按钮的编号，在 ButtonClick 事件引用。
- "图像"文本框表示选定按钮对应 ImageList 对象中的图像的索引号。
- "值"下拉列表框用于选择按钮的状态：按下（tbrPressed）和没按下（tbrUnpressed）。
- "样式"下拉列表框用于选择按钮的样式。

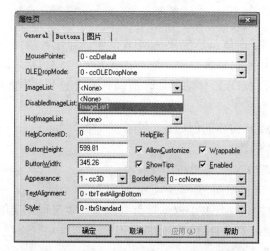

图 5-8　Toolbar 控件"属性页"通用选项卡

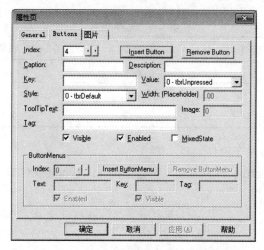

图 5-9　Toolbar 控件"属性页"按钮选项卡

5.3.3　响应 Toolbar 控件事件

Toolbar 控件常用的事件有两个：ButtonClick 和 ButtonMenuClick。前者对应按钮样式 0、1 和 2 的按钮，后者对应样式为 5 的按钮。在编写代码时，可以利用按钮的索引号或关键字来识别被单击的按钮。

5.4　MDI 窗体

Windows 应用程序的用户界面样式主要有两种：一种是单文档界面（Single Document Interface，SDI），另一种是多文档界面（Multiple Document Interface，MDI）。

MDI 是指一个窗体中能够建立多个子窗体，即允许用户同时访问多个文档，每个文档显示在不同的窗口中。MDI 容器窗体（父窗体）只能有一个，而 MDI 子窗体则可以有多个。父窗体为应用程序中所有的子窗体提供工作空间。另外，MDI 子窗体的设计与 MDI 父窗体的设计无关，但在执行阶段，子窗体总是包含在 MDI 父窗体显示区域内。

　　MDI 父窗体和子窗体都可以各自设计它们的菜单。但在执行阶段，子窗体的菜单会显示在 MDI 父窗体上，以替代 MDI 窗体的菜单，所以一般情况下，不需要在子窗体上设置菜单，而应预先设置在 MDI 父窗体上。

　　下面通过例题说明 MDI 窗体的创建。

　　【例 5-3】MDI 窗体的建立与使用。

　　（1）新建一个"标准 EXE"类型的工程。

　　（2）在工程中添加一个 MDI 窗体"MDIForm1"。

　　选择"工程"菜单的"添加 MDI 窗体"命令。选择"工程"菜单的"属性"命令，打开"工程属性"对话框，启动对象选择"MDIForm1"。

　　（3）为 MDI 窗体建立菜单。

　　打开菜单编辑器，建立如表 5-4 所列的菜单。

表 5-4　菜单结构

菜单项标题	名称
窗体	ct
....打开第一个窗体	first
....打开第二个窗体	second

　　（4）向 MDI 窗体添加子窗体。

　　建立两个普通窗体 Form1 和 Form2，将它们的 MDIChild 属性设为 True。

　　（5）编写代码。

```
Private Sub first_Click()
    Form1.Show
End Sub
Private Sub second_Click()
    Form2.Show
End Sub
```

　　程序运行结果如图 5-10 所示。

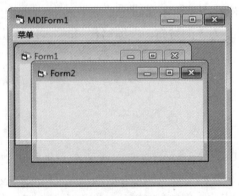

图 5-10　【例 5-3】运行结果

5.5　通用对话框控件

一些应用程序中常常需要进行打开和保存文件、选择颜色和字体、打印等操作，这就需要应用程序提供相应的对话框以方便使用。这些对话框作为 Windows 的资源，在 VB 中已被做成"通用对话框"（CommonDialog）控件。

"通用对话框"控件为用户提供了一组标准的系统对话框，这些对话框仅用于返回信息，要真正实现打开和保存文件等操作，还需要通过编程来实现。

5.5.1　添加"通用对话框"控件

"通用对话框"控件属于 ActiveX 控件，可通过选择"工程"菜单的"部件"命令，打开"部件"对话框，在对话框中选定"Microsoft CommonDialog Control 6.0"，单击"确定"按钮即可将"通用对话框"控件添加到控件工具箱中。

5.5.2　使用"通用对话框"

1. 使用"打开"和"保存"对话框

在应用程序中使用"通用对话框"控件，需要先将它添加到窗体中。通用对话框共有 6 种样式。由于在程序运行时"通用对话框"控件被隐藏，因此若要在程序中显示通用对话框，必须对控件的 Action 属性值进行设置，或调用 Show 方法来选择。表 5-5 给出了 Action 属性及 Show 方法。

表 5-5　Action 属性

Action 属性值	方法	说明
1	ShowOpen	显示"打开"对话框
2	ShowSave	显示"保存"对话框
3	ShowColor	显示"颜色"对话框
4	ShowFont	显示"字体"对话框
5	ShowPrinter	显示"打印"对话框
6	ShowHelp	显示"帮助"对话框

对话框的类型不是在设计阶段进行设置，而是在程序运行过程中进行设置，如：

CommonDialog1.Action=1 或 CommonDialog1.Action.ShowOpen

就指定了对话框 CommonDialog1 为"打开"对话框。

【例 5-4】编写程序，将文本框中的文本保存到文本文件中，然后将文本文件的内容读取到另外一个文本框。

操作步骤如下：

（1）新建一个工程。

（2）将"通用对话框"控件添加到控件工具箱中。然后在窗体上添加两个文本框、两个命令按钮和一个通用对话框。各对象属性设置如表 5-6 所列。

表 5-6　对象属性设置

对象名称	属性	属性值	说明
Text1	Text	空白	
	MultiLine	True	设置文本框可以输入多行文本
Text2	Text	空白	
	MultiLine	True	设置文本框可以显示多行文本
Command1	Caption	保存	按钮标题
Command2	Caption	打开	按钮标题

（3）编写命令按钮 Click 事件代码分别如下：

```
Private Sub Command1_Click()
    CommonDialog1.Filter = "文本文件|*.txt|"
        CommonDialog1.ShowSave              '显示保存文件对话框
        Open CommonDialog1.FileName For Output As #1
        Write #1, Text1.Text
        Close #1
End Sub
Private Sub Command2_Click()
        CommonDialog1.Filter = "文本文件(*.txt)|*.txt|"
        CommonDialog1.ShowOpen                '显示打开文件对话框
        Open CommonDialog1.FileName For Input As #1
        Do While Not EOF(1)
            Text2.Text = Text2.Text + Input(1, #1)
        Loop
        Close #1
End Sub
```

程序运行结果如图 5-11 所示。

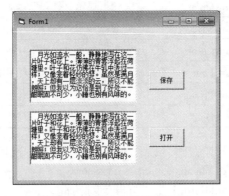

图 5-11　【例 5-4】运行结果

2. 使用"颜色"和"字体"对话框

许多应用程序都提供颜色和字体对话框，使用户能够自己选择所需的颜色和字体。当通用对话框的 Action 属性值为 3 时，显示"颜色"对话框；为 4 时显示"字体"对话框。也可以用 ShowColor 方法打开"颜色"对话框，用 ShowFont 方法打开"字体"对话框。为了能显示系统字体，需将"通用对话框"的 Flags 属性设置成 1。

【例 5-5】编写程序。利用"颜色"对话框和"字体"对话框来改变文本框中文字的颜色和字体。

操作步骤如下：

（1）新建一个工程。

（2）将"通用对话框"控件添加到控件工具箱中。然后在窗体上添加一个文本框、两个命令按钮和一个通用对话框，各对象属性设置如表 5-7 所列。

表 5-7 对象属性设置

对象名称	属性	属性值	说明
Text1	Text	空白	
	MultiLine	True	设置文本框可以输入多行文本
Command1	Caption	改变颜色	按钮标题
Command2	Caption	改变字体	按钮标题
CommonDialog1	Flags	1	显示系统字体

（3）编写命令按钮 Click 事件代码分别如下：

```
Private Sub Command1_Click()
    CommonDialog1.ShowColor
    Text1.ForeColor = CommonDialog1.Color
End Sub
Private Sub Command2_Click()
    CommonDialog1.Action = 4
    Text1.FontName = CommonDialog1.FontName
    Text1.FontSize = CommonDialog1.FontSize
    Text1.FontBold = CommonDialog1.FontBold
    Text1.FontItalic = CommonDialog1.FontItalic
    Text1.FontUnderline = CommonDialog1.FontUnderline
End Sub
```

程序运行结果如图 5-12 所示。

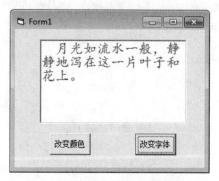

图 5-12 【例 5-5】运行结果

5.6   程序举例

【例 5-6】在窗体上添加菜单、工具栏和文本框。通过菜单的"打开"命令或工具栏上的"打开"按钮，将文本文件的内容读取到文本框中，在文本框中对文本进行编辑后，通过菜单的"保存"命令或工具栏上的"保存"按钮将文本框中的内容保存到文本文件中。

操作步骤如下：

（1）建立一个新工程。

（2）在窗体上添加一个文本框、一个通用对话框、一个 ImageList 和一个 Toolbar 对象，按照 5.3.1 节的方法，添加 ImageList 的图像为"打开"和"保存"按钮对应的图像，按照 5.3.2 节的方法，为 Toolbar 对象添加按钮。

（3）编写各对象的 Click 事件代码分别如下：

```
Private Sub baocun_Click()
CommonDialog1.Filter = "文本文件(*.txt)|*.txt|"
    CommonDialog1.ShowSave        '显示保存文件对话框
    Open CommonDialog1.FileName For Output As #1
    Write #1, Text1.Text
    Close #1
End Sub
Private Sub dakai_Click()
    CommonDialog1.Filter = "文本文件|*.txt|"
    CommonDialog1.ShowOpen          '显示打开文件对话框
    Open CommonDialog1.FileName For Input As #1
    Do While Not EOF(1)
        Text1.Text = Text1.Text + Input(1, #1)
    Loop
    Close #1
End Sub
Private Sub Toolbar1_ButtonClick(ByVal Button As MSComctlLib.Button)
    Select Case Button.Index
        Case 1
            CommonDialog1.Filter = "文本文件|*.txt|"
            CommonDialog1.ShowOpen          '显示打开文件对话框
            Open CommonDialog1.FileName For Input As #1
            Do While Not EOF(1)
                Text1.Text = Text1.Text + Input(1, #1)
            Loop
            Close #1
        Case 2
            CommonDialog1.Filter = "文本文件(*.txt)|*.txt|"
            CommonDialog1.ShowSave          '显示保存文件对话框
            Open CommonDialog1.FileName For Output As #1
            Write #1, Text1.Text
            Close #1
```

```
      End Select
End Sub
```

程序运行结果如图 5-13 所示。

图 5-13　【例 5-6】运行结果

习题五

一、选择题

1. 菜单编辑器中，哪一个选项输入希望在菜单栏上显示的文本（　　）。

　　A）标题　　　　　　　B）名称　　　　　　　C）索引　　　　　　　D）访问键

2. 下面哪个属性可以控制菜单项可见或不可见？（　　）。

　　A）Hide　　　　　　　B）Checked　　　　　　C）Visible　　　　　　D）Enabled

3. 下面说法不正确的是（　　）。

　　A）下拉式菜单和弹出式菜单都是由菜单编辑器创建的

　　B）在多窗体程序中，每个窗体都可以建立自己的菜单系统

　　C）下拉式菜单中的菜单项不可以作为弹出式菜单显示

　　D）如果把一个菜单项的 Enable 属性设置为 False，则该菜单项不可见

4. 菜单控件只有一个（　　）事件。

　　A）MouseUp　　　　　B）Click　　　　　　　C）DBClick　　　　　D）KeyPress

5. 下面说法不正确的是（　　）。

　　A）顶层菜单不允许设置快捷键

　　B）要使菜单项中的文字具有下划线，可在标题文字前加&符号

　　C）有一菜单项名为 MenuTerm，则语句 MenuTerm.Enable = False 将使该菜单项失效

　　D）若希望在菜单中显示"&"符号，则在标题栏中输入"&"符号

6. 要将通用对话框 CommonDialog1 设置成不同类型的对话框，应通过（　　）属性来设置。

　　A）Name　　　　　　　B）Action　　　　　　C）Tag　　　　　　　D）Left

7. 以下叙述中错误的是（　　）。

　　A）在程序运行时，通用对话框控件是不可见的

　　B）在同一个程序中，用不同的方法（如 ShowSave）打开的通用对话框具有不同的作用

C）调用通用对话框控件的 ShowOpen 方法，可以直接打开在该通用对话框中指定的文件

D）调用通用对话框控件的 ShowColor 方法，可以打开颜色对话框

二、填空题

1．Visual Basic 中的菜单可分为_____菜单和_____菜单。

2．如要在菜单中设计分隔线，则应将菜单项的标题设置为_____。

3．假定有一个通用对话框 CommonDialog1，除了可以用 CommonDialog1.Action=3 显示颜色对话框外，还可以用_____方法显示。

4．在显示字体对话框之前必须设置_____属性，否则将发生不存在字体的错误。

5．菜单中的"热键"可通过在热键字母前插入_____符号实现。

6．可通过快捷键_____打开菜单编辑器。

7．MDI 窗体是子窗体的容器，在该窗体中可以有_____、工具栏和状态栏。

8．MDI 子窗体是一个_____为 True 的普通窗体。

三、编程题

创建如图 5-14 所示的菜单系统，其中"文件"菜单具有：打开、保存和退出功能；"格式"菜单可以改变文本框中字体的样式及颜色。

图 5-14　运行结果

6

过程

学习目标：

- 熟悉过程的概念及其种类。掌握 Sub 过程的定义、建立和调用，掌握 Function 过程的定义、建立和调用
- 掌握形参与实参的概念及其参数的两种传递方式
- 掌握过程的嵌套调用与递归调用
- 掌握过程和变量的作用域
- 掌握进制转换、素数等常用算法

6.1 Visual Basic 的工程

为了理解问题，先来了解一下 VB 应用程序包含哪些部分。VB 应用程序通常包括窗体文件（.frm）、模块文件（.bas）和类模块（.cls），具体如图 6-1 所示。

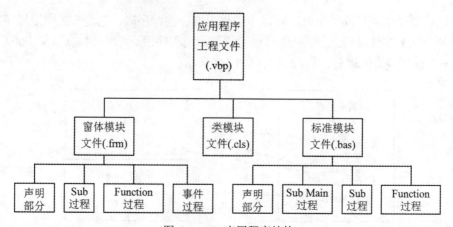

图 6-1 VB 应用程序结构

VB 有三类模块，即窗体模块、标准模块和类模块。一个 Visual Basic 工程至少包含一个窗体模块，还可以根据需要包含若干个标准模块和类模块。本书将只讨论窗体模块和标准模块的使用方法。通过图 6-2 可以清楚看出 Visual Basic 工程的模块层次关系。

图 6-2　VB 工程的模块层次关系

6.2　过程

对于一个复杂的应用问题，往往要把它分解为较小的部分，这些部分称为过程。VB 中的过程是完成某种功能的一组独立的代码。VB 应用程序由若干个过程组成。

过程有两个重要作用：一是把一个复杂的任务分解为若干个小任务，可以用过程来表达，从而使任务更易理解、更易实现，将来更易维护；二是代码重用，使同一段代码多次复用。

VB 过程分为两大类，分别是事件过程和通用过程。

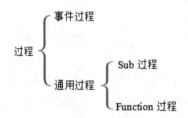

事件过程是当某个事件发生时，对该事件作出响应的程序段，它是 VB 应用程序的主体。通用过程是独立于事件过程之外，可供其他过程调用的程序段。通用过程又分为 Sub（子程序）过程和 Function（函数）过程。过程调用如图 6-3 所示。

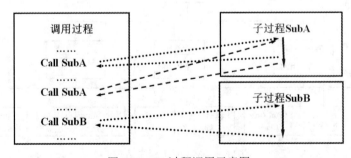

图 6-3　VB 过程调用示意图

通用过程与事件过程不同，它不依附于某一个对象，也不是由对象的某一个事件驱动或由系统自动调用，而是必须由被调用语句调用才起作用。

6.2.1 Sub 过程

【例 6-1】使用 Sub 过程的示例

```
Private Sub Form_Load()
        Show
        Call mysub1(30)
        Call mysub2
        Call mysub2
        Call mysub2
        Call mysub1(30)
End Sub
Private Sub mysub1(n)
        Print String(n, "*")
End Sub
Private Sub mysub2()
        Print "*"; Tab(30); "*"
End Sub
```

程序运行结果如图 6-4 所示。

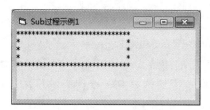

图 6-4 例 6.1 程序结果

在上述事件过程 Form_Load() 中，通过 Call 来分别调用两个 Sub 过程。在 Sub 过程 mysub1(n) 中，n 为参数（也称形参），当调用过程通过 Call mysub1(30)（30 称为实参）调用时，就把 30 传给 n，这样调用后就输出 30 个 "*" 号。过程 mysub2() 不带参数，其功能是输出左右两边的 "*" 号。

1. Sub 过程的定义

格式：

```
[Private | Public | Static] Sub 过程名([参数表])
语句块
[Exit Sub]
End Sub
```

说明：

（1）子过程名：命名规则与变量名命名规则相同。子过程名不返回值，而是通过形参与实参的传递得到结果，调用时可返回多个值。

（2）子过程若需要接受参数，则可在过程名后的括号中定义接受参数的变量及变量的数据类型。接受参数的变量称为形式参数，简称"形参"，仅表示形参的类型、个数、位置，定义时是无值的，只有在过程被调用时，虚实参结合后才获得相应的值。

（3）过程可以无形式参数，但括号不能省。

（4）参数的定义形式：[ByVal | ByRef] 变量名[( )][As 类型][,...]，

ByVal 表示当该过程被调用时，参数是按值传递的；缺省或 ByRef 表示当该过程被调用时，参数是按地址传递的。

如：public sub swap2 (ByVal X As integer, ByVal y As integer)

（5）Private、Public、Static 的含义

如果选用 Private（局部）定义过程，表明只有该过程所在模块（如窗体模块）中的过程才能调用该模块；如果选用 Public（全局）定义过程，表明在应用程序中任何地方都可以调用该模块。如果选用 Static，表明 Sub 过程中的局部变量是静态的。

2. Sub 过程的建立

Sub 过程可以在窗体模块（.frm）中建立，也可以在标准模块（.bas）中建立。

（1）在窗体模块（.frm）中建立可以在代码窗口中完成。

打开代码窗口后，在对象框中选择"通用"项，然后输入 Sub 过程头，例如 Sub Mysub1(n)，按下回车键，窗口显示：

```
Sub Mysub1(n)
……
End Sub
```

此时可在 Sub 和 End Sub 之间输入程序代码。

（2）在标准模块（.Bas）中建立 Sub 过程：

选择"工程"菜单中的"添加模块"命令，打开"添加模块"对话框；再选择"新建"或"现存"选项卡，新建一个标准模块或打开一个已有的标准模块，之后就可以在模块代码窗口中编辑 Sub 过程了。

（3）通过创建 Sub 过程模板的方法建立 Sub 过程：

选择"工具"菜单中的"添加过程"命令，出现"添加过程"对话框（如图 6-5 所示），选择过程类型（子过程、函数、属性、事件）及作用范围（公有的 Public、私有的 Private），单击"确定"按钮后得到一个过程或函数定义的结构框架（模板），如：

```
Public Sub Sort( )
……
End Sub
```

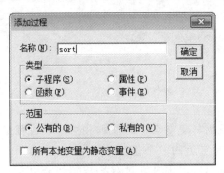

图 6-5 "添加过程"对话框

6.2.2　Function 过程

1. 函数过程（Function 过程）的定义

Visual Basic 函数分为内部函数和外部函数，外部函数是用户根据需要用 Function 关键字定义的函数过程，与子过程不同的是函数过程将返回一个值。Function 过程定义如下：

```
[Public|Private][Static]Function  函数名([<参数列表>])[As<类型>]
<局部变量或常数定义>
<语句块>
        [函数名=返回值]
    [Exit Function]
<语句块>
    [函数名=返回值]
    End Function
函数返回值的处理
```

2. Function 过程的建立

与 Sub 过程相同。可以在代码窗口中直接输入来建立 Function 过程；也可以选择"工具"菜单中的"添加过程"命令来建立 Function 过程（选择"函数"类型）。

【例 6-2】输入三个数，求出它们的最大数

把求两个数中的大数编成 Function 过程，过程名为 Max：

```
Public Function Max(x AS Single, y As Single) As single
If x > y Then Max=x Else Max=y
End Function
```

本例采用 InputBox 函数输入三个数，判断出最大数后采用 Print 直接输出在窗体上。程序代码如下：

```
Private Sub Form_Load()
    Show
    Dim a As Single, b As Single, c As Single
    Dim s As Single
    a = Val(InputBox("输入第一个数"))
    b = Val(InputBox("输入第二个数"))
    c = Val(InputBox("输入第三个数"))
    s = max(a, b)
    Print "最大数是:"; max(s, c)
End Sub
```

6.2.3　查看过程

查看当前模块中有哪些 Sub 过程和 Function 过程：在代码窗口的对象框中选择"通用"项，即可在过程框中列出所有过程。

查看其他模块中的过程：选择"视图"菜单中的"对象浏览器"命令，在打开的"对象浏览器"对话框中，从"库"列表框中选择工程，从"类"列表框中选择模块，此时在"成员"列表框中列出该模块拥有的过程。

6.3 过程调用

1. Sub 过程的调用

事件过程是通过事件驱动和由系统自动调用的，而 Sub 过程则必须通过调用语句实现调用。调用 Sub 过程有以下两种方法：

（1）使用 Call 语句

格式：Call 过程名 [（实参表）]

（2）直接使用过程名

格式：过程名 [实参表]

例如，调用名为 SubCal 的过程：

```
Call    SubCal(10)
SubCal    10
```

【例 6-3】计算 5! + 10!

因为计算 5!和 10!都要用到阶乘 n!（n!＝1×2×3×…×n），所以把计算 n!编成 Sub 过程。采用 Print 直接在窗体上输出结果，程序代码如下：

```
Private Sub Form_Load()
    Show
    Dim y As Long, s As Long
    Call    Jc(5, y)
    s = y
    Call    Jc(10, y)
    s = s + y
    Print "5! + 10! ="; s
End Sub
```

程序运行结果：

```
5! + 10!  =  3628920
```

2. Function 过程的调用

（1）直接调用

像使用 VB 内部函数一样，只需写出函数名和相应的参数即可。例如：

```
s = Max(a, b)
Print    Max(s, c)
```

（2）用 Call 语句调用

与调用 Sub 过程一样来调用 Function 过程，例如： Call   Max(a, b)

当用这种方法调用 Function 过程时，将会放弃返回值。

6.4 参数传递

参数传递可以实现调用过程和被调过程之间的信息交换。VB 参数传递有两种方式：分别是按值传递和按地址传递。

6.4.1　形参与实参

形式参数（简称形参）指的是被调用过程中的参数，出现在 Sub 过程或 Function 过程中。形参可以是变量名和数据，形参表中的各个变量之间用逗号分隔。

实际参数（简称实参）是调用过程中的参数，写在子过程名或函数名后括号内，其作用是将实参数据传送给形参。实参可由常量、表达式、有效的变量名、数组名（后加左、右括号，如 A( )）组成，实参表中各参数用逗号分隔。形参表和实参表中的对应变量名可以不同，但实参和形参的个数、顺序以及数据类型必须相同。

以下是一个定义过程和调用过程的示例：

定义过程：Sub Mysub(t As Integer,s As String,y As Single)

调用过程：Call Mysub(100, "计算机",1.5)

"形实结合"是按照位置结合的，即第一个实参值（100）传送给第一个形参 t，第二个实参值（"计算机"）传送给第二个形参 s，第三个实参值（1.5）传送给第三个形参 y。

【例 6-4】求出学生成绩的平均分、最高分及最低分。输入若干个（不超过 100）学生的成绩，求出平均分、最高分及最低分。

本例采用 InputBox 函数来输入成绩，计算结果直接输出到窗体上。

```
Private Sub Form_Load()
        Dim jc(100) As Integer, x As Integer,n As Integer, _
            sum As Long, max As Integer, min As Integer
        n = 0
        Do While True
                x = Val(InputBox("请输入第" & n + 1 & "个学生的成绩(-1 结束)"))
                If   x = -1 Then Exit Do
                n = n + 1
                jc(n) = x
        Loop
        If n > 0 Then
                Call    Caljc(n, jc(), sum, max, min)
        Else
                End
        End If
        Show
        Print "平均分："; Format(sum / n, "###.0")
        Print "最高分："; max
        Print "最低分："; min
End Sub
Sub Caljc(k As Integer, darray() As Integer, s As Long, m As Integer, n As Integer)
        Dim i As Integer
        s = darray(1) :   m = darray(1) : n = darray(1)
        If   k = 1 Then   Exit Sub            'k 是数组的下界
        For   i = 2   To   k
                s = s + darray(i)
                If   m < darray(i)   Then   m = darray(i)
```

```
                        If   n > darray(i)   Then   n = darray(i)
            Next i
End Sub
```

6.4.2　按地址传递和按值传递

1. 按地址传递

按地址传递（关键字 ByRef）是 VB 默认的参数传递方式。所谓按地址传递，指的是把实参变量的内存地址传递给被调过程（如 Sub 过程），即形参与实参使用相同的内存地址单元。这样一来，形参得到的是实参的地址，当形参值改变的同时也改变实参的值。

例 6.3 中，Form_Load()事件过程是通过"Call Jc(5,y)"和"Call Jc(10,y)"来调用过程 Jc(n,t) 的，其中采用的第二个参数就是按地址来传送数据的。

以下面局部代码为例，说明一下通过地址传递数据的执行过程，如图 6-6 所示。

```
Sub Swap2(x%, y%)
    Dim Temp%
    Temp = x: x = y: y = Temp
End Sub
……………..
a = 10: b = 20
Swap2 a, b                  '传地址
Print "A2="; a, "B2="; b
```

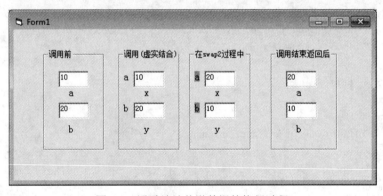

图 6-6　通过地址传递数据的执行过程

2. 按值传递

按值传递（关键字 ByVal）是指通过常量传递实际参数，即传递的是参数值而不是传递它的地址，在调用过程中只是将实参的值复制给形参。因为不能访问实参的内存地址，因而在过程中对形参的任何操作都不会影响实参。

以下面局部代码为例，说明一下通过数值传递数据的执行过程，如图 6-7 所示。

```
Sub Swap1(ByVal   x%, ByVal   y%)
    Dim Temp%
    Temp = x: x = y: y = Temp
End Sub
```

```
.......
a% = 10: b% = 20
Swap1 a, b
Print "A1="; a, "B1="; b
```

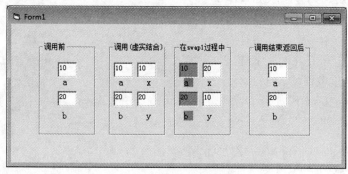

图 6-7　通过数值传递数据的执行过程

【例 6-5】参数传递方式示例

设置两个通用过程 Test1 和 Test2，分别按值传递和按地址传递。

```
Private Sub Form_Load()
    Dim x As Integer
    Show
    x = 5
    Print "执行 test1 前，x="; x
    Call test1(x)
    Print "执行 test1 后，test2 前，x="; x
    Call test2(x)
    Print "执行 test2 后，x="; x
End Sub
Sub test1(ByVal t As Integer)
     t = t + 5
End Sub
Sub test2(s As Integer)
    s = s - 5
End Sub
```

运行结果：

执行 test1 前，x=5；

执行 test1 后，Test2 前，x=5；

执行 test2 后，x=0。

调用 test1 过程时，是按值传递参数的，因此在过程 test1 中对形参 t 的任何操作不会影响到实参 x。调用 test2 过程时，是按地址传递参数的，因此在过程 test2 中对形参 s 的任何操作都变成对实参 s 的操作，当 s 值改为 0 时，实参 x 的值也随之改变。

6.5　递归

一个过程调用过程本身，就称为过程的递归调用。

用递归方法来解决问题时，必须符合以下两个条件：

（1）可以把要解的问题转化为一个新问题，而这个新问题的解法仍与原来的解法相同。

（2）有一个明确的结束递归的条件（终止条件），否则过程将永远"递归"下去。

【例 6-6】采用递归方法求 n!（n>0）

可用下列的递归公式

$$n! = \begin{cases} 1 & n=1 \\ n \times (n-1)! & n>1 \end{cases}$$

本递归中，终止条件是 n=1。

```
Private Sub Form_Load()
        Dim n As Integer, m As Double
        Show
        n = Val(InputBox("输入 1～15 之间的整数"))
        If   n < 1 Or n > 15   Then
                MsgBox "错误数据", 0, "检查数据"
                End
        End If
        m= fac(n)
        Print   n; "!= "; m
End Sub
Private Function fac(n) As Double
        If   n > 1   Then
                fac = n * fac(n - 1)                    '递归调用
        Else
                fac = 1                                 'n=1 时，结束递归
        End If
End Function
```

说明：

（1）当 n>1 时，在 fac 过程中调用 fac 过程，然后 n 减 1，再次调用 fac 过程，这种操作一直持续到 n=1 为止。例如，当 n=3 时，求 fac(3)变成求 3×fac(2)，求 fac(2)变成求 2×fac(1)，而 fac(1)为 1，递归结束。以后再逐层返回，递推出 Fac(2)及 Fac(3)的值。

（2）在某次调用 fac 过程时并不是立即得到 fac(n)的值，而是一次又一次地进行递归调用，到 fac(1)时才有确定的值，然后通用过程逐层返回中依次算出 fac(2)、fac(3)的值。

6.6　变量的作用范围

在 VB 中，由于可以在过程中和模块中声明变量，根据定义变量的位置和定义变量的语句不同，变量可以分为：

● 局部变量（过程级变量）

● 窗体/模块级变量（私有的模块级变量，能被本模块的所有过程和函数使用）

● 全局级变量（公有的模块级变量）。

1. 过程级变量——局部变量

局部变量是指在过程内声明的变量，只能在本过程中使用。

在过程内部使用 Dim 或者 Static 关键字来声明的变量，只在声明它们的过程中才能被访问或改变该变量的值，别的过程不可访问。所以可以在不同的过程中声明相同名字的局部变量而互不影响。

2. 窗体/模块级变量

窗体/模块级变量是指在"通用声明"段中用 Dim 语句或用 Private 语句声明的变量，可被本窗体/模块的任何过程访问，但其他模块却不能访问该变量。

如：在"通用声明"段声明如下变量：

```
Private s As String
Dim a As Integer
```

如果还允许其他窗体和模块中引用本模块的变量，就必须用 Public 来声明变量，例如：

```
Public a as integer          '假设本窗体为 Form1
```

这样，在另外一个窗体（如 Form2）或模块中可以用 Form1.a 来引用该变量。

注意：不能把 a 误认为全局变量。因为全局变量在其他窗体和模块中引用时只需写 a，不需要写 Form1.a。

3. 全局变量

全局变量可以被应用程序中任何一个窗体和模块直接访问。全局变量要在标准模块文件（.bas）中的声明部分用 Global 或 Public 语句来声明，语法格式为：

```
Global   变量名   As   数据类型
Public   变量名   As   数据类型
```

3 种变量声明及使用规则如表 6-1 所列。

表 6-1　VB 中 3 种变量声明及使用规则

作用范围	局部变量	窗体/模块级变量	全局变量	
			窗体	标准模块
声明方式	Dim，Static	Dim，Private	Public	
声明位置	在过程中	窗体/模块的"通用声明"段	窗体/模块的"通用声明"段	
被本模块的其他过程存取	不能	能	能	
被其他模块存取	不能	不能	能，但在变量名前加窗体名	能

6.7　过程的作用范围

过程（或变量）的作用域指的是过程（或变量）的有效范围，即过程（或变量）的"可见性"。按过程的作用范围来划分，过程可分为模块级过程和全局级过程两类。

1. 窗体/模块级过程

在窗体模块或标准模块中加 Private 关键字定义的过程，只能被定义它的窗体模块或标准模块中的过程调用。

2. 全局级过程

在窗体模块或标准模块中加 Public 关键字定义（或缺省）的过程，可供该应用程序的所有窗体模块和所有标准模块中的过程调用。

总结归纳过程的定义及作用域如表 6-2 所列。

表 6-2   VB 中过程的定义及作用域

作用范围	模块级		全局级	
	窗体	标准模块	窗体	标准模块
定义方式	过程名前加 Private 例：Private Sub MySub1(形参表)		过程名前加 Public 或缺省 例：Public Sub MySub2(形参表)	
声明位置	窗体/模块的"通用声明"段		窗体/模块的"通用声明"段	
能否被本模块的其他过程调用	能	能	能	能
被其他模块存取	不能	不能	能，但必须在过程名前加窗体名，例：Call 窗体名.MySub2(实参表)	能，但过程名必须唯一，否则要加标准模块名，例：Call 标准模块名.MySub2(实参表)

6.8   变量的生存期

从过程和变量的作用空间来讲，过程和变量有作用域；从过程和变量的作用时间来讲，过程和变量有生存期。生存期，即变量能够保持其值的时间。根据变量的生存期，可将变量分为动态变量和静态变量。

1. 动态变量

动态变量是指程序运行进入变量所在的过程时，才分配给该变量的内存单元，经过处理退出该过程时，该变量占用的内存单元自动释放，其值消失。当再次进入该过程时，所有的动态变量将重新初始化。

使用 Dim 关键字在过程中声明的局部变量属于动态变量。

2. 静态变量

静态变量是指程序运行进入该变量所在的过程时，修改变量的值后退出该过程时，其值依然保留，变量所占的内存单元不被释放。当再次进入该过程时，原来的变量值可继续使用。

使用 Static 关键字在过程中声明的局部变量属于静态变量。

声明形式：

```
Static 变量名 [AS 类型]
Static Function 函数过程名([参数列表]) [As 类型]
Static Sub 子过程名[(参数列表)]
```

注意：过程名前加 Static，表示该过程内的局部变量都是静态变量。

【例 6-7】使用 Static Sub 语句的示例

```
Static Sub Subtest()
```

```
        Dim t As Integer                    't 为静态变量
        t = 2 * t + 1
        Print t
    End Sub
Private Sub Command1_Click()
        Call Subtest                        '调用子过程 Subtest
    End Sub
```

运行后，多次单击命令按钮 Command1，执行结果为：

```
    1
    3
    7
```

......

将 Static Sub 改为 Private Sub 后，运行过程中多次单击命令按钮 Command1，执行结果为：

```
    1
    1
    1
```

......

思考：有一个人编了下面一段程序，想用变量 n 记录单击窗体的次数。

```
Private Sub Form_Click()
    Dim n As Integer
    n = n + 1
    Print "已单击次数："; n & "次"
End Sub
```

程序运行后多次单击窗体，输出结果如图 6-8 所示，并不是我们期望的结果。

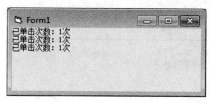

图 6-8　运行结果

那么要记录单击窗体次数，应该如何实现呢？具体代码如下所示：

```
Private Sub Form_Click()
    static n As Integer
    n = n + 1
    Print "已单击次数："; n & "次"
End Sub
```

程序运行后，多次单击窗体，输出结果如图 6-9 所示，这是我们期望的结果。

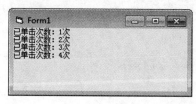

图 6-9　运行结果

6.9   shell 调用

shell 就是一个打开应用程序的函数，所带的参数为样式参数。

功能：执行一个可执行文件，返回一个 Variant（Double），如果成功的话，代表这个程序的任务 ID，若不成功，则会返回 0。

格式：shell(PathName[,WindowStyle])

PathName 为必需参数。类型为 String，它指出了要执行的程序名，以及任何需要的参数或命令行变量，也可以包括路径名。

WindowStyle 为可选参数。Integer 类型，指定在程序运行时窗口的样式。如果 WindowStyle 省略，则程序是以具有焦点的最小化窗口来执行的。

WindowStyle 的取值及其描述如表 6-3 所列。

表 6-3   shell 函数 WindowStyle 参数的取值及其描述

常量	值	描述
VbHide	0	窗口被隐藏，且焦点会移到隐式窗口
VbNormalFocus	1	窗口具有焦点，且会还原到它原来的大小和位置
VbMinimizedFocus	2	窗口会以一个具有焦点的图标来显示（缺省值）
VbMaximizedFocus	3	窗口是一个具有焦点的最大化窗口
VbNormalNoFocus	4	窗口会被还原到最近使用的大小和位置，而当前活动的窗口仍然保持活动
VbMinimizedNoFocus 6	6	窗口会以一个图标来显示，而当前活动的窗口仍然保持活动

下面，举几个常用示例，具体如下：

1. 打开记事本

```
Private Sub Command1_Click()
    Shell "Notepad E:\VB 练习\添加 DTPicker 控件.txt ", vbNormalFocus
End Sub
```

注：NotePad 后有空格。

2. 打开 QQ 登录界面

```
Private Sub Command2_Click()
    Shell "D:\Program Files\Tencent\QQ2009\Bin\qq.exe", vbNormalFocus
End Sub
```

3. 打开 Word 文档

```
Private Sub Command3_Click(Index As Integer)
Dim strDir As String
strDir = "E:\VB 练习\Test.doc"
Select Case Index
```

```
Case 0
    Shell "C:\Program Files\Microsoft Office\OFFICE11\WINWORD.EXE " & strDir, vbHide
Case 1
    Shell "C:\Program Files\Microsoft Office\OFFICE11\WINWORD.EXE " & strDir, vbNormalFocus
Case 2
    Shell "C:\Program Files\Microsoft Office\OFFICE11\WINWORD.EXE " & strDir, vbMinimizedNoFocus
Case 3
    Shell "C:\Program Files\Microsoft Office\OFFICE11\WINWORD.EXE " & strDir, vbNormalNoFocus
Case 4
    Shell "C:\Program Files\Microsoft Office\OFFICE11\WINWORD.EXE " & strDir, vbMaximizedFocus
End Select
End Sub
```

注：C:\Program Files\Microsoft Office\OFFICE11\WINWORD.EXE 之后有空格。

* 在"开始"→"运行"里面能执行的命令用 shell 函数也行。

6.10 程序举例

【例 6-8】进制转换。编写并调用函数或子过程，能实现不同进制数据之间的相互转换。从键盘输入待转换的数据，将转换结果显示在文本框中。

具体属性设置如表 6-4 所列，整体界面如图 6-10 所示。

表 6-4 例 6-8 属性设置

对象名	属性名	设置值
Form1	Caption	数制转换
Frame1	Caption	选择进制：
Label1	Caption	请输入十进制数：
Option1	Caption	二进制
Option2	Caption	八进制
Option3	Caption	十六进制
Command1	Caption	转换
Text1	Text	----
Text2	Text	----

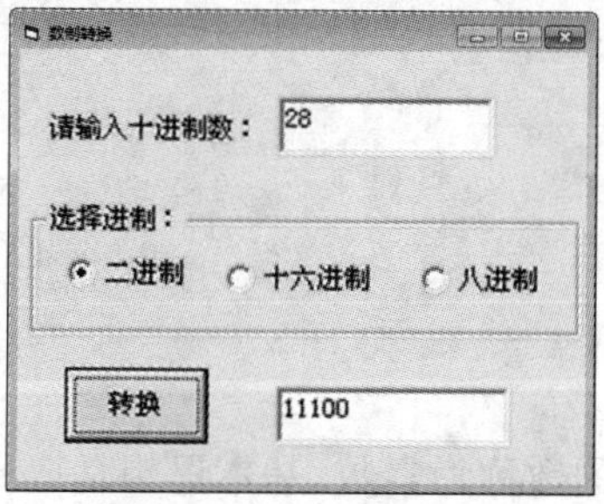

图 6-10 例 6-8 界面设置

具体代码如下：

```
Dim x%, y%
Private Sub Command1_Click()
    x = Val(Text1)
    If Text1 = "" Then
        MsgBox "请先输入一个十进制数！"
        Text1.SetFocus
        Exit Sub
    End If
    If Option1 = False And Option2 = False And Option3 = False Then
        MsgBox "请选择进制"
        Exit Sub
    End If
    If Option1.Value = True Then
        y = 2
    ElseIf Option2.Value = True Then
        y = 8
    ElseIf Option3.Value = True Then
    y = 16
    End If
    Text2 = convert(x, y)
End Sub
Private Sub Form_Load()
    Text1.Text = ""
    Text2 = ""
    Option1.Value = False
    Option2.Value = False
    Option3.Value = False
End Sub

Public Function convert (ByVal a%, ByVal b%) As String
Dim str$, temp%
str = ""
Do While a <> 0
    temp = a Mod b
    a = a \ b
    If temp >= 10 Then
        str = Chr(temp - 10 + 65) & str
    Else
        str = temp & str
    End If
Loop
convert = str
End Function
```

【例 6-9】判断素数。

分析：只能被 1 或自身整除的数称为素数。基本思想是把 m 作为被除数，将 2 到 Int(sqr(m)) 作为除数，如果都除不尽，m 就是素数，否则就不是，用以下程序段实现：

```
        m =val(InputBox("请输入一个数"))
            For i=2 To int(sqr(m))
                If m Mod i = 0 Then      Exit For
            Next i
            If i > int(sqr(m)) Then
                Print "该数是素数"
            Else
                Print "该数不是素数"
            End If
```

将其写成一函数，若为素数返回 True，不是则返回 False。

```
Private Function Prime (m as Integer) As Boolean
                Dim i%
                Prime=True
                For i=2 To int(sqr(m))
                    If m Mod i = 0 Then      Prime=False Exit For
                Next i
End Function
```

【例 6-10】绘制一个圆，使之从小变大，再从大变小。

分析：为了得到一个圆大小变动的动画效果，先在某一位置上绘制一个圆，显示一段时间（延时）后抹除，接着在下一位置上依此处理，直到指定位置为止。

抹除方法是采用底色（背景色）来掩盖图形，采用 Circle 方法可以画一个圆。

延时时间是利用 Timer 函数，该函数返回系统时钟从午夜开始计算的秒数（带两位小数）。

主要代码如下：

```
Private Sub Delay(d)                        '延迟
        t = Timer + d
        Do While Timer < t                  '利用空循环实现延迟
        Loop
End Sub
Private Sub Form_Load()
        Show
        Form1.BackColor = QBColor(15)       '设置背景颜色
        Call Pict(30, 1600, 30)             '从小变大
        Call Pict(1600, 30, -30)            '从大变小
End Sub
Private Sub Pict(a, b, c)                    '显示→延迟→抹除
        For i = a To b Step c
            Call Plot(i, 4)                 '显示圆
            Delay 0.1                       '延迟 0.1 秒
            Call Plot(i, 15)                '抹除
        Next i
End Sub
Private Sub Plot(r, clr)
        Form1.Circle (2400, 1600), r, QBColor(clr)          '画圆
End Sub
```

习题六

一、选择题

1. 在过程定义中用（　　）表示形参的传值。

   A）Var　　　　　　　　B）ByRef　　　　　　C）ByVal　　　　　　D）ByValue

2. 若已经编写一个 Sort 子过程，在该工程中有多个窗体，为了方便调用 Sort 子程序，应该将子过程放在（　　）中。

   A）窗体模块　　　　　　B）类模块　　　　　　C）工程　　　　　　D）标准模块

3. 下面的子过程语句说明合法的是（　　）。

   A）Sub f1(ByVal n%())　　　　　　　　B）Sub f1(n%) As Integer

   C）Function f1%(f1%)　　　　　　　　D）Function f1(ByVal n%)

4. 要想从子过程调用后返回两个结果，下面子过程语句说明合法的是（　　）。

   A）Sub f(ByVal n%, ByVal m%)　　　　B）Sub f(n%, ByVal m%)

   C）Sub f(ByVal n%, m%)　　　　　　　D）Sub f(n%, m%)

5. 下列叙述中正确的是（　　）。

   A）在窗体的 Form_Load 事件过程中定义的变量是全局变量

   B）局部变量的作用域可以超出所定义的过程

   C）在某个 Sub 过程中定义的局部变量可以与其他事件过程中定义的局部变量同名，但其作用域只限于该过程

   D）在调用过程时，所有局部变量被系统初始化为 0 或空字符串

6. 以下关于变量作用域的叙述中，正确的是（　　）。

   A）窗体中凡被声明为 Private 的变量只能在某个指定的过程中使用

   B）全局变量必须在标准模块中声明

   C）模块级变量只能用 Private 关键字声明

   D）Static 类型变量的作用域是它所在的窗体或模块文件

7. 可以在窗体模块的通用声明段中声明（　　）。

   A）全局变量

   B）全局常量

   C）全局数组

   D）全局用户自定义类型

8. 以下关于函数过程的叙述中，正确的是（　　）。

   A）函数过程形参的类型与函数返回值的类型没有关系

   B）在函数过程中，通过函数名可以返回多个值

   C）当数组作为函数过程的参数时，既能以传值方式传递，也能以传址方式传递

   D）如果不指明函数过程参数的类型，则该参数没有数据类型

9. 以下叙述中错误的是（　　）。

   A）一个工程中可以包含多个窗体文件

B）在一个窗体文件中用 Public 定义的通用过程不能被其他窗体调用

C）窗体和标准模块需要分别保存为不同类型的磁盘文件

D）用 Dim 定义的窗体层变量只能在该窗体中使用

10. 下面的过程定义语句中合法的是（　　　）。

A）Sub Procl(ByVal n())　　　　　　B）Sub Procl(n) As Integer

C）Function Procl(Procl)　　　　　　D）Function Procl(ByVal n)

11. 在过程中定义的变量，若希望在离开该过程后，还能保存过程中局部变量的值，则使用（　　　）关键字在过程中定义局部变量。

A）Dim　　　　　　B）Private　　　　　　C）Public　　　　　　D）Static

12. 以下正确的描述是：在 Visual Basic 应用程序中，（　　　）。

A）过程的定义可以嵌套，但过程的调用不能嵌套

B）过程的定义不可以嵌套，但过程的调用可以嵌套

C）过程的定义和过程的调用均可以嵌套

D）过程的定义和过程的调用均不能嵌套

13. 有子过程语句说明：Sub fSum(sum%,ByVal m%,ByVal n%)

且在事件过程中有如下变量说明：Dim a%,b%,c!

则下列调用语句中正确的是（　　　）。

A）fsum a,a,b　　　B）fsum 2,3,4　　　C）fsum a+b,a,b　　　D）Call fsum (c,a,B)

14. 在过程调用中，参数的传递可以分为（　　　）和按地址传递两种方式。

A）按值传递　　　　B）按地址传递　　　　C）按参数传递　　　　D）按位置传递

15. 要想在过程调用后返回两个结果，下面的过程定义语句合法的是（　　　）。

A）Sub Procl(ByVal n,ByVal m)　　　　B）Sub Procl(n,ByVal m)

C）Sub Procl(n,m)　　　　　　　　　　D）Sub Procl(ByVal n,m)

二、填空题

1. 阅读下面程序，子过程 Swap 的功能是实现两个数的交换，请将程序填写完整。

```
Public Sub Swap(x As Integer, y As Integer)
Dim t As Integer
t = x : x = y : y = t
End Sub
Private Sub Command1_Click()
Dim a As Integer, b As Integer
a = 10 : b = 20
_____
Print "a = "; a , "b ="; b
End Sub
```

2. 下列程序中，fac 是求 n!的递归函数，请将程序填写完整。

```
Public Function fac(n As Integer)
If n = 1 Then fac = 1
Else fac = _____
```

```
End If
End Sub
```

3. 如下程序，运行的结果是_____，函数过程的功能是_____。

```
Public Function f(ByVal n% , ByVal r%)
If n <> 0 Then
f = f(n\r,r)
Print n Mod r；
End If
End Function
Private Sub Command1_Click()
Print f(100,8)
End Sub
```

4. 如下程序，运行的结果是_____，函数过程的功能是_____。

```
Public Function f(m% , m%)
Do While m <> n
Do While m > n:m = m-n:Loop
Do While m < n:n = n-m:Loop
Loop
f = m
End Function
Private Sub Command1_Click()
Print f(24,18)
End Sub
```

5. 若两质数的差为 2，则称此对质数为质数对，下列程序是找出 100 以内的质数对，并成对显示结果。其中 IsP 是判断 m 是否为质数的函数过程。

```
Public Function IsP(m%) As Boolean
Dim i%

_____

For i = 2 to Int(Sqr(m))
If _____Then IsP = False
Next i
End Function
Private Sub Command1_Click()
Dim i%
p1 = IsP(3)
For i = 5 to 100 step_____
p2 = IsP(i)
If_____Then Print i-2；i
p1_____
Next i
```

```
        End Sub
```

6. 统计输入文章中的单词数，并将出现的定冠词 The 全部去除，同时统计删除定冠词的个数。假定单词以一个空格间隔。

```
        Public Sub PWord(s% ,CountWord% ,CountThe%)
        Dim len%,i%,st$
        CountWord = 0:CountThe = 0
        st = Trim(s)
        _____
        Do While i > 0
        CountWord = CountWord + 1
        st =_____
        i = InStr(st," ")
        Loop
        CountWord = CountWord + 1
        st = Trim(s)
        _____
        Do While i > 0
        CountThe = CountThe + 1
        st = _____
        i = InStr(st,"The")
        Loop
        _____
        End Sub
```

7. 全局变量必须在_____模块中定义，所用的语句为_____。

8. 设有以下函数过程：

```
        Function Fun (m as Integer) As Integer
        Dim k As Integer, Sum As Integer
        Sum =0
        For k = m To 1 Step-2
        Sum =Sum +k
        Next k
        Fun =Sum
        End Function
```

若在程序中用语句 s=fun(10)调用此函数，则 s 的值为_____。

7

数据库应用

学习目标:

- 理解数据库的基本概念
- 掌握数据库以及表的创建与修改，掌握表记录的编辑与查询
- 掌握 Data 控件的常见属性、方法、事件和使用方法
- 掌握 ADO 对象访问数据库的基本方法
- 了解数据报表的设计方法

7.1 数据库基本知识

数据库技术是现代计算机信息系统、计算机应用系统的核心技术和重要基础，已经成为先进信息技术的重要组成部分。数据库的建设规模、信息量大小和使用频度已经成为衡量一个国家信息化程度的重要标志。Visual Basic 是微软公司开发的一款非常成功的编程工具，同时也具有强大的数据库操作功能，提供了可视化数据管理器（VisData）、数据控件（Data Control）、ADO（ActiveX Data Objects）数据对象和数据报表（Data Report）等工具，方便编程人员轻松开发出各种数据库应用程序。

7.1.1 数据库的基本概念

数据库技术产生于 20 世纪 60 年代中期，是应数据管理任务需要而产生的。**数据管理**是利用计算机软、硬件对数据进行有效的收集、存储、处理和应用的过程。例如，高校的学生信息管理中，常常需要对学生的基本情况（学号、姓名、籍贯、年龄、简历等）加以登记、汇总、存档、分类和检索，当学生信息有变更时，需要对其档案进行更新。

与数据库密切相关的 4 个基本概念是：**数据、数据库、数据库管理系统**和**数据库系统**。

数据是描述事物的符号记录，可以是数字，也可以是文字、图形、图像、音频、视频等。

数据库（DataBase，简称 DB）指的是长期存储在计算机内、有组织、可共享、大量数据的集合。数据是按照特定的数据模型组织、存储在数据库中的。

数据库管理系统（DataBase Management System，简称 DBMS）是位于用户与操作系统之间的一层管理和维护数据库的软件，属于计算机系统软件。目前使用比较多的数据库管理系统有 Oracle、Sybase、Informix、MS SQL Server 等大中型数据库管理系统，还有 Microsoft Access、Visual FoxPro、MySQL 等中小型数据库管理系统。

数据库系统（DataBase System，简称 DBS）是指引入了数据库后的计算机系统，一般包括数据库、数据库管理系统、应用系统、数据库管理员（DataBase Administrator，简称 DBA）以及用户。数据库系统构成如图 7-1 所示。

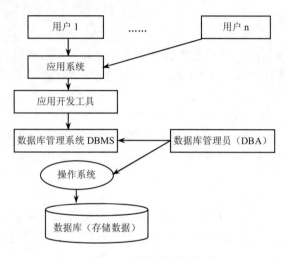

图 7-1　数据库系统构成

根据数据模型的不同，可将数据库主要分为 3 种类型：层次数据库、网状数据库和关系数据库。其中，关系数据库是目前使用最广泛的数据库，本章所讨论的数据库也是关系数据库。

7.1.2　关系数据库的相关概念

关系数据库是以关系模型为基础的数据库。**关系模型**是用二维表来表示实体（客观存在并可以相互区分的事物称为**实体**）以及实体之间联系的数据模型。关系数据库建立在严格的数学概念基础上，采用单一的二维表结构来描述数据间的联系，并提供了结构化查询语言 SQL 的标准接口，具有强大的功能和良好的数据独立性与安全性。下面结合表 7-1 介绍一下关系数据库的有关概念。

表 7-1　学生表

学号	姓名	性别	年龄	班级	所在系
20127001	李旸	男	20	12 计本	计算机系
20127002	李娜	女	19	12 计本	计算机系
20127003	李敏	女	19	12 计本	计算机系
20127004	许畅	男	18	12 计本	计算机系

学号	姓名	性别	年龄	班级	所在系
20127005	乐林	男	20	12 计本	计算机系
20128001	杨亚	男	18	12 信息	信息系
20128002	刘畅	男	19	12 信息	信息系
20128003	王立军	男	19	12 信息	信息系
20128004	徐俊	男	19	12 信息	信息系
20128005	路远卿	女	19	12 信息	信息系

1. 关系

关系就是二维表（Table），一个关系数据库可以由一张或多张二维表组成，每张表有一个名称（如"学生表"），即关系名。表 7-1 就是一个描述学生学籍基本信息的关系。

2. 记录

每张二维表由若干行和列组成，其中每一行称为一条**记录**（Record），表中不允许出现重复的记录，并且记录不分先后次序。例如，上述学生表中包含 10 条记录。

3. 字段

表中的每一列称为一个**字段**（Field）。每一列有一个字段名，各字段名互不相同。字段出现的次序也可以是任意的。上述学生表中包含的学号、姓名、性别等都是字段。

4. 主键

一张表中，如果某个字段（或几个字段的集合）能够唯一地确定一条记录，则称该字段（或字段集合）为**主键（或主关键字，记做 Primary Key）**。例如，学生表中"学号"字段可以唯一地确定每一条记录，可以作为学生表的主键。

5. 索引

为了提高数据的存取效率，需要将数据表中某些字段设为索引（Index），通过索引可以快速地找到对应记录。例如，在学生表中以"姓名"为索引，可以实现按姓名快速检索数据。

6. 记录指针与当前记录

为了便于对记录进行逐条管理，系统为每个打开的表设置了一个**记录指针**，当进行记录操作时，指针会随着移动。指针指向的记录，为**当前记录**。

7.1.3 Visual Basic 的数据库应用

在 VB 程序设计中，数据库应用是一个非常重要、实用的内容。

通过 7.1.1 节数据库系统相关知识介绍可以看出，一个完整的数据库系统，除了包括存储数据的数据库外，还包括用于处理数据的数据库应用系统。在数据库设计领域中，通常将数据库本身称为后台，后台数据库是一个二维表的集合。而数据库应用系统通常被称为前台，它是一个计算机应用程序，通过该程序可以选择数据库中的数据项，并将所选择的数据按照用户的要求展示出来。

Visual Basic 因其具有的简单、灵活、可扩充等特性，经常被作为开发数据库前台应用程序的工具。在 Visual Basic 6.0 中，可以使用 ADO、OLE DB、Data 控件等接口技术来访问多种数据库中的数据。

7.2　使用可视化数据管理器创建数据库

在 VB 中，可以访问多种关系数据库，如 Microsoft Access、Visual FoxPro、dBase、Excel、MS SQL Server、Oracle 等。在进行数据库前台应用程序开发相关知识介绍之前，先介绍一些数据库设计与管理方面的知识。

7.2.1　创建数据库

VB 既可以使用其他数据库管理系统（如 Microsoft Access、MS SQL Server、Oracle 等）已经建立的数据库，也可以在 VB 内部直接建立数据库。VB 提供了两种方法建立数据库：可视化数据管理器（VisData）和数据访问对象（DAO）。本书主要介绍如何使用可视化数据管理器建立和维护数据库。

可视化数据管理器是 VB 提供的一款非常实用的数据库管理工具，可以用来创建 Access 或其他类型的数据库，并可以实现数据库的日常管理与维护。VB 默认访问的数据库是 Access，本章即以 Access 数据库为后台，介绍 VB 的数据访问技术。

在 VB 集成开发环境下，选择"外接程序"→"可视化数据管理器"菜单，或直接运行 VB 安装目录下的 VisData.exe 程序，即可以打开如图 7-2 所示的可视化数据管理器（VisData）。

图 7-2　可视化数据管理器 VisData 窗口

下面以建立"学生管理"数据库为例，介绍可视化数据管理器的使用方法。

1. 新建数据库

建立一个学生管理数据库，里面包含学生表和成绩表。

（1）在可视化数据管理器窗口中，选择"文件"菜单下的"新建"命令，并依次选择"Microsoft Access"下的"Version 7.0 MDB"。

（2）在弹出的"选择要创建的 Microsoft Access 数据库"对话框中，输入要创建的数据库名"学生管理.mdb"。

（3）单击"保存"按钮，系统弹出如图 7-3 所示的窗口界面。"学生管理"数据库创建成功。Access 数据库文件的扩展名是.mdb。

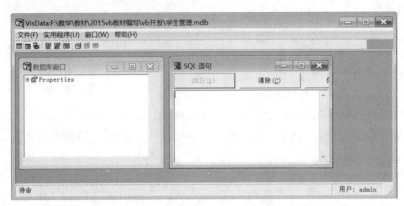

图 7-3　创建"学生管理"数据库

在图 7-3 所示的"数据库窗口"中，以树形结构显示数据库中的所有对象。新建成的数据库界面中，只有一个数据库属性表（Properties），并不存在任何数据表，需要用户自行添加。可以右键单击窗口，激活快捷菜单，执行"新建表""刷新列表"等命令。

"SQL 语句"窗口用来输入、执行和保存 SQL 语句。

通过 7.1 节的介绍可以知道，一个数据库是由一张或多张二维表组成的，所有数据均放在表中。下面以在"学生管理"数据库中建立学生表和成绩表为例，介绍创建数据表的方法。

2. 新建数据表

新建数据表时，必须首先定义表的结构，包括各个字段的名称、数据类型、长度等。学生表和成绩表的结构如表 7-2 和表 7-3 所列。

表 7-2　学生表的结构

字段名	字段类型	字段长度
学号	Text	8
姓名	Text	10
性别	Text	2
年龄	Integer	
班级	Text	10
所在系	Text	20

表 7-3　成绩表的结构

字段名	字段类型	字段长度
学号	Text	8
课程名	Text	10
成绩	Double	

新建表的步骤如下：

（1）在图 7-3 所示的"数据库窗口"中空白区域，单击右键，选择快捷菜单中"新建表"命令，出现如图 7-4 所示的"表结构"对话框。在该对话框中，第一栏是"表名称"，可以在其中输入"学生表"。后面两栏，分别用于表中字段的添加、删除操作，以及索引的添加、删除操作。

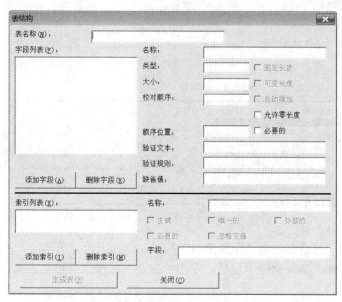

图 7-4　"表结构"对话框

（2）单击"添加字段"按钮，出现如图 7-5 所示的"添加字段"对话框，在该对话框中，输入字段的名称、类型、长度大小、验证规则等信息。重复此过程直至添加完所有字段，单击"关闭"按钮，生成如图 7-6 所示的学生表结构。

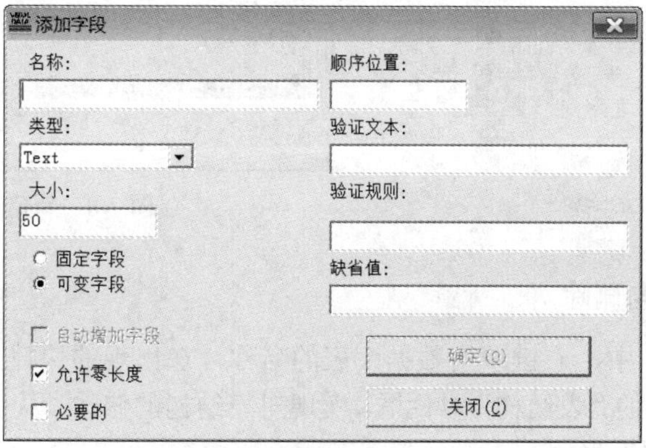

图 7-5　"添加字段"对话框

（3）单击"生成表"按钮，新建学生表成功，在"数据库窗口"中将显示出新建的学生表，如图 7-7 所示。

仿照这 3 个步骤，同理可以新建成绩表。

3. 新建索引

使用索引可提高访问数据库表中数据的速度，根据需要可以在表中建立索引。

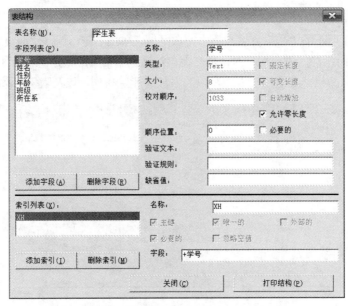

图 7-6　"学生表-表结构"对话框

　　单击"表结构"对话框中的"添加索引"按钮，在弹出的如图 7-8 所示的"添加索引"对话框中输入索引名称，选择索引字段后，单击"确定"按钮，即可完成索引的建立。

图 7-7　生成学生表

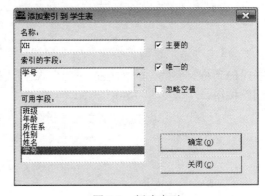

图 7-8　新建索引

4. 表结构的修改与删除

　　在"数据库窗口"中，右键单击数据库表的名称，在出现的快捷菜单中选择"设计"命令，即可重新打开该表的"表结构"对话框，实现对表结构的修改。从快捷菜单中选择"删除"命令，可以删除该数据库表。

　　新建的数据表是一张空表，可以向表中添加记录。对数据表记录的操作主要包括：记录编辑（添加、修改、删除等）和记录查询。

7.2.2　表记录的编辑

　　在 VisData "数据库窗口"中，首先单击工具栏上的"动态集类型记录集"按钮和"在新窗口中不使用 DATA 控件"按钮（具体含义在后面 DATA 控件相关知识中介绍），右击数据表名称，如学生表，从快捷菜单中选择"打开"命令，出现学生表数据编辑对话框，单击"添加"按钮，输入各字段的值，再单击"更新"按钮，可以添加一条新记录，如图 7-9 所示。

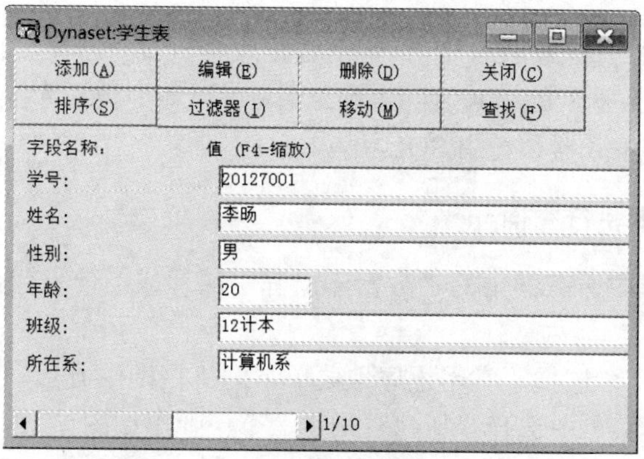

图 7-9　学生表数据编辑对话框

在表数据编辑对话框中，有"添加""编辑""删除""排序"等 8 个按钮，可以实现对记录的添加、删除、排序等操作。窗口底部，有一个显示记录条数的水平滚动条，通过滚动条的滚动，可以定位当前记录，实现对当前记录的修改与删除等操作。

表记录的显示，可以使用上述的单记录逐条显示的方式，也可以使用多记录显示方式。在 VisData 中，首先单击工具栏上的"在新窗体中使用 DBGrid 控件"按钮，然后打开学生表，可以按图 7-10 所示的表格方式显示学生表中的记录。

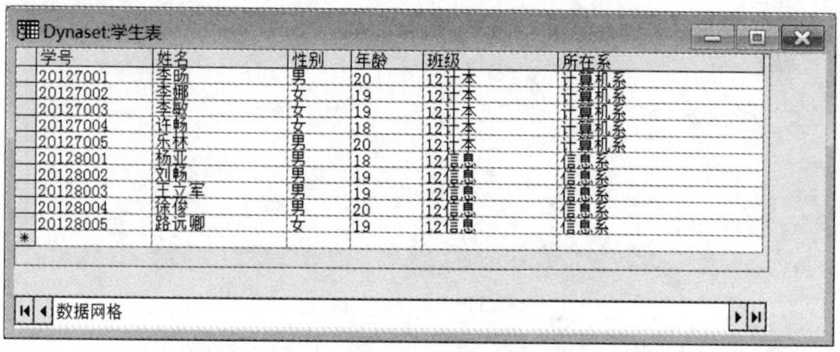

图 7-10　使用 DBGrid 控件表格方式显示记录

仿照上述方法，同理可以建立成绩表，并添加数据记录，如图 7-11 所示。

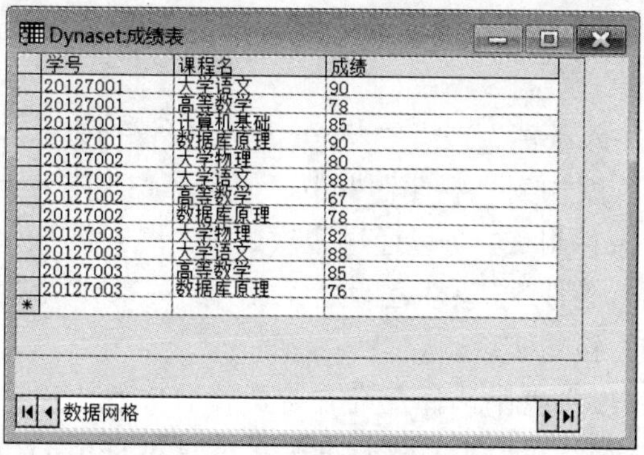

图 7-11　显示成绩表记录

7.2.3 记录查询

数据查询是数据库的核心操作，查询是从数据库中查找符合条件的记录，组成一个新的数据集合，这个集合以数据表的格式返回查询结果，可以作为数据库操作的数据源。查询记录有两种方法：使用查询生成器和使用 SQL 语句。

1. 使用查询生成器进行查询

本节以查找成绩表中所有学生的"数据库原理"课程成绩信息为例，介绍查询生成器的使用方法。

（1）在 VisData 中，选择"实用程序"菜单下的"查询生成器"命令，或者在数据库窗口中右击鼠标，在快捷菜单中选择"新建查询"命令，弹出如图 7-12 所示的"查询生成器"对话框。

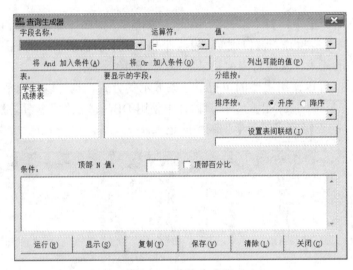

图 7-12 查询生成器

该对话框中，主要包括要查询的表、查询条件、要显示的字段等信息。

（2）在"查询生成器"对话框的"表"列表框下，选择"成绩表"。

（3）单击"字段名称"右侧下拉箭头，选择"课程名"，单击"运算符"右侧下拉箭头，选择"="，在"值"框中输入"数据库原理"或者单击"列出可能的值"按钮，在弹出的所有课程名中选择"数据库原理"。

（4）单击"将 And 加入条件"或者"将 Or 加入条件"按钮，可以将设置的条件"成绩表.课程名 ='数据库原理'"添加到"条件"框中，如图 7-13 所示。

如果查询条件由多个条件组成，可以通过多次单击"将 And 加入条件"（条件之间是"与"的关系）或者"将 Or 加入条件"（条件之间是"或"的关系）按钮实现。多表连接查询可以通过单击"设置表间联结"按钮实现。

（5）在"要显示的字段"框中选择查询时需要显示的字段名。

（6）单击"显示"按钮，可以查看该查询操作对应的 SQL 查询语句。

（7）查询条件设置好后，可以单击"运行"按钮，在弹出的"这是 SQL 传递查询吗？"

消息框中单击"否"按钮，即可生成如图 7-14 所示的查询结果。从该图可以看到"数据库原理"课程所有的成绩记录。

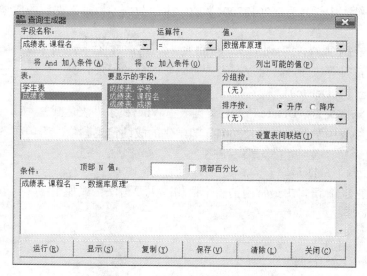

图 7-13　成绩表查询设置对话框

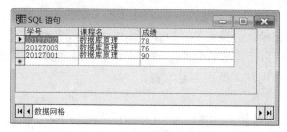

图 7-14　成绩表查询结果

（8）单击"保存"按钮，可以将查询结果保存起来。保存查询后，可以通过双击查询名的方式，打开查询结果。

2. SQL 语句

结构化查询语言（Structured Query Language，SQL）是关系数据库的标准语言，是一种通用的、功能全面的关系数据库语言。它集数据定义功能、数据操纵功能、数据控制功能和数据查询功能于一体，已成为关系数据库语言的国际标准。

在可视化数据管理器中，用户可以在"SQL 语句"窗口中输入 SQL 命令，实现各种功能。

下面主要介绍 SQL 的数据操纵功能和数据查询功能。SQL 的数据操纵功能主要包含三种命令：**插入记录**（Insert）、**修改记录**（Update）和**删除记录**（Delete）；而 SQL 的数据查询功能主要是通过 Select 命令实现的。

（1）插入记录（Insert）

插入记录语法格式为：**Insert　Into** 数据表（字段名列表）**Values**（字段值）

例如：向成绩表中插入一条新记录，语句如下：

Insert Into 成绩表(学号,课程名,成绩) values ('20127004','数据库原理',98)

命令执行后，打开成绩表，可以在表中看到新添加的记录。

（2）修改记录（Update）

修改记录语法格式为：**Update** 数据表 **Set** 字段名= 表达式 **Where** 条件表达式

例如，将成绩表中学号为"20127004"的学生"数据库原理"课程的成绩改为 87，语句如下：

> Update 成绩表 Set 成绩=87　Where 学号='20127004'　and 课程名='数据库原理'

命令执行后，打开成绩表，可以在表中看到修改后的记录。

（3）删除记录（Delete）

删除记录语法格式为：**Delete From** 数据表　**Where** 条件表达式

例如，将成绩表中学号为"20127004"的学生的成绩记录删除，语句如下：

> Delete　From 成绩表 Where 学号='20127004'

（4）查询记录（Select）

Select 语句是 SQL 语言中最常用的一个语句，主要语法格式如下：

> Select 字段名列表
> 　　From 表名
> [Where 查询条件表达式]
> [Group By 分组依据字段]
> [Having 分组筛选条件]
> [Order By 排序字段]

整个 SELECT-SQL 语句的含义是，根据 WHERE 子句的条件表达式，从 FROM 子句指定的表中找出满足条件的记录，再按照 SELECT 子句中的字段名列表，选出记录中的对应字段，形成输出结果。整个语句命令格式看起来非常复杂，不容易理解，但只要分解命令格式，理解其中的各个子句的功能和用法，就很容易掌握。

说明：

（1）SQL 查询的基本结构是 SELECT…FROM…WHERE，即输出字段…数据来源…查询条件。在各种查询语句中，SELECT 子句和 FROM 子句是必选项。

（2）SELECT 子句：用来确定要在查询结果中显示的字段或表达式。查询表中所有字段时，可用 "*" 代表。当对多张表进行连接查询时，如果表与表之间有重名字段，则需要在重名字段前面缀上表名，以示区分，如 "学生表.学号" "成绩表.学号"。

（3）FROM 子句：用于指定要查询的表，可以是单张表查询，也可以是多张表连接查询，多表连接时，各表名之间用逗号隔开。

（4）WHERE 子句：指定筛选条件或联接条件，表示在要查询的表中按指定条件筛选符合条件的记录。条件表达式中，可以使用 And、Or、Not、比较运算符等，还可以使用 Between（指定运算值范围）、Like（模式匹配）、In（指定集合）等符号。另外，若是多表查询，则要在 WHERE 子句中写上表间联接条件，如："学生表.学号=成绩表.学号"。

（5）GROUP BY 子句：对表中的记录按<分组依据字段>分组，常用于分组统计查询。

（6）HAVING 子句：当含有 GROUP BY 子句时，HAVING 子句可用做分组记录查询的限制条件；无 GROUP BY 子句时，HAVING 子句的作用同 WHERE 子句。

（7）ORDER BY 子句：指定查询结果按<排序字段>排序，ASC 是按升序排列，DESC 是按降序排列，系统默认的是升序 ASC。

（8）在 SELECT 语句中，还可以使用 Sum、Count、Max、Min、Avg 等统计函数，来统计某一列值的总和、记录个数、最大值、最小值、平均值等。

【例 7-1】从学生表中查询计算机系全体学生的记录。

Select　*　From 学生表 Where 所在系='计算机系'

【例 7-2】查询所有学生"大学语文"课程的平均分。

Select　Avg(成绩)　From 成绩表 Where 课程名='大学语文'

【例 7-3】查询成绩表中各门课程的总分和最高分。

Select 课程名,Sum(成绩) as 总分,Max(成绩) as 平均分　From 成绩表 Group by 课程名

查询语句和执行结果如图 7-15 所示。

图 7-15　分组统计查询语句与查询结果

在这个例子中，为了使查询结果更直观，给 Sum 和 Max 两个统计函数运算列赋予了字段别名，分别是总分和平均分。如果不添加别名，统计函数运算的查询结果将直接使用 Expr1001、Expr1002 等作为查询结果列名。

【例 7-4】查询平均分高于 85 分的课程名、平均分。

Select　课程名,avg(成绩)　平均分　From 学生表
Group by 课程名
Having avg(成绩)>85

【例 7-5】查询年龄在 18～20 之间的学生的基本信息。

Select　*　From 学生表
where 年龄 between 18 and 20

【例 7-6】查询学生表中所有学生的学号、姓名、班级、年龄信息，并按年龄字段降序排列显示查询内容。

Select　学号,姓名,班级,年龄　From 学生表 Order　by 年龄 Desc

【例 7-7】查询"12 计本"班所有学生课程考试成绩信息，要求显示学号、姓名、班级、课程名、成绩信息。

Select 学生表.学号,姓名,班级,课程名,成绩
From 学生表,成绩表
where 学生表.学号=成绩表.学号 and 班级='12 计本'

【例 7-8】查询李娜同学"高等数学"课程的考试成绩信息，要求显示姓名、课程名和成绩信息。

Select 姓名,课程名,成绩
From 学生表,成绩表
where 学生表.学号=成绩表.学号 and 姓名='李娜' and 课程名='高等数学'

【例 7-9】查询所有姓李的同学的基本信息。

Select　*　From 学生表
where 姓名 Like　'李%'

【例 7-10】查询"数据库原理"课程考试成绩的前三甲。

```
Select   top 3   *    From 成绩表
where  课程名='数据库原理'
Order by  成绩  desc
```

7.3　Data 控件的使用

VB 提供了多种访问数据库的工具，Data 控件就是其中之一。在 VB 窗体中使用 Data 控件，可以实现与数据库的连接，读、写数据库表或查询表中的记录。常用控件工具箱中有 Data 控件，双击 Data 控件或单击后在窗体上拖动出控件的大小，都可以看到 Data 控件的外观。

7.3.1　Data 控件常用属性、方法和事件

1.　常用属性

Data 控件常用属性如表 7-4 所列。

表 7-4　Data 控件常用属性

属性	描述
Connect	用于确定该 Data 控件所要连接的数据库类型，默认值为 Access，其他还包括 dBASE、FoxPro、Excel 等
DatabaseName	用于确定 Data 控件使用的数据库的完整存放路径。例如，链接的是 Access 数据库，单击按钮定位 mdb 文件，选择 "…\学生管理.mdb" 文件
RecordSource	用于确定 Data 控件所连接的记录来源，可以是数据表，也可以是查询。在属性窗口中单击下拉箭头在列表中选出数据库中的记录来源。例如，选择 "学生表"
RecordsetType	用于指定 Data 控件存放记录的类型，包含表类型记录集（0-Table）、动态集类型记录集（1-Dynaset）和快照类型记录集（2-Snapshot）三种取值。默认为动态集类型。 表类型记录集（0-Table）：包含数据表中的所有记录，这种类型可对记录进行添加、删除、修改等操作，可直接更新数据。 动态集类型记录集（1-Dynaset）：包含来自于一个数据表或包含从一个或多个表取出的字段的查询结果，并且可以从其中添加、修改、删除记录，任何改变都将反映到数据表中。 快照类型记录集（2-Snapshot）：与动态集类型记录集相似，但这种类型的记录集只能读不能更改数据
BOFAction	在系统运行时用户可单击 Data 控件的指针按钮移动记录到开始或结尾，BOFAction 属性是指当用户移动到记录开始时程序将执行的操作。BOFAcfion 值为 "0-MoveFirst" 是将指针定位到首条记录作为当前记录，为 "1-BOF" 是将指针定位到记录的开头
EOFAction	EOFAction 属性是指当用户移动到记录结尾时程序将执行的操作。EOFAction 值为 "0-MoveLast" 是将最后末条记录作为当前记录，值为 "1-EOF" 是将指针定位到所有记录的末尾，值为 "2-AddNew" 是移动到记录结尾并自动添加一条新记录
Readonly	确定数据库是否以只读方式打开
Exclusive	是否独占数据库，取 True 则数据库为单用户访问模式，取 False 则数据库为允许多用户访问模式

2. 常用方法

（1）Refresh 方法

当 Data 控件的 DatabaseName、ReadOnly 或 Connect 属性的设置值发生改变时，可以使用
Data 控件的 Refresh 方法打开或重新打开数据库。用该方法可以更新数据控件的集合内容。

（2）UpdateControls 方法

从 Data 控件的 Recordset 对象中读取当前记录值，并将数据显示在绑定该 Data 控件的相
关控件中。该方法将数据重新读到绑定控件内，可以终止用户对数据绑定控件内容的修改（数
据绑定控件有关内容详见 7.3.3 节）。

（3）UpdateRecord 方法

当绑定 Data 控件的控件发生内容改变时，如果不移动记录指针，则数据库中的值不会改
变，可以通过调用 UpdateRecord 方法确认对记录的修改，将约束控件中的数据强制写入数据
库中。

3. 常用事件

（1）Reposition 事件

当 Data 控件中移动记录指针改变当前记录时触发该事件。

（2）Validate 事件

当移动 Data 控件中记录指针，并且绑定控件中的内容已经发生修改时，此时数据库当前
记录的内容将被更新，同时触发该事件。

7.3.2　记录集 Recordset 对象

Data 控件可以访问数据库中的表或查询，当程序窗体中已经做好 Data 控件设计工作，系
统开始运行时，VB 会根据 Data 控件设置的属性打开数据库，并建立一个该 Data 控件的记录
集 Recordset 对象，用来存放数据表或查询的数据记录。也就是说，一个 Recordset 对象，代表
一个数据表里的记录集，或者一个查询的运行结果集。

VB 使用 Recordset 对象检索和显示数据库记录，既可以使用 Microsoft Jet 数据库引擎提供
的 Recordset 对象，也可以使用 ODBC 以及 ADO 与 OLE DB 提供的 Recordset 对象。Data 控
件使用 Microsoft Jet 数据库引擎提供的 Recordset 对象，有三种类型：Table（表类型）、Dynaset
（动态类型）和 Snapshot（快照类型），默认为动态类型，具体含义如上节所述。

1. Recordset 对象常用属性

Recordset 对象常用属性如表 7-5 所列。

表 7-5　Recordset 对象常用属性

属性	描述
AbsolutePosition	设置或返回一个值，此值可指定 Recordset 对象中当前记录的顺序位置（序号位置）。首条记录 AbsolutePosition 属性值为 0
ActiveConnection	如果连接被关闭，设置或返回连接的定义；如果连接打开，设置或返回当前的 Connection 对象

续表

属性	描述
BOF	如果当前记录的位置在首条记录之前，则返回 True，否则返回 False
EOF	如果当前记录的位置在末条记录之后，则返回 True，否则返回 False
Filter	返回一个针对 Recordset 对象中数据的过滤器
Index	设置或返回 Recordset 对象的当前索引的名称
MaxRecords	设置或返回从一个查询返回 Recordset 对象的最大记录数目
RecordCount	返回一个 Recordset 对象中的记录数目
NoMatch	当使用 Find 或 Seek 方法进行记录查找时，如果找不到匹配的记录，NoMatch 属性为 True，否则为 False
Fields	该属性是一个对象集合，包含 Recordset 记录集中的全部字段（Field）对象。例如，Data1.Recordset.Fields("学号")='1271001'，可以给学号字段赋值
State	返回一个值，此值可描述 Recordset 对象是打开、关闭、正在连接、正在执行或正在取回数据
Status	返回有关批更新或其他大量操作的当前记录的状态

2. Recordset 对象常用方法

（1）AddNew 方法

AddNew 用于添加一个新记录，新记录中字段如果有默认值将以默认值表示，如果没有默认值则为空白。

向数据表中添加新记录主要分为三步：

第一步，调用 AddNew 方法，打开一个新的空白记录。

例如，向 Data1 的记录集添加新记录：Data1.Recordset.AddNew。

第二步，给各字段赋值。

有两种方式：

1）写代码给字段赋值，例如，"Data1.Recordset.Fields("学号")='1271005'"；

2）通过数据绑定控件直接给各字段输入值。

第三步，调用 Update 方法，将数据写入数据表。使用 AddNew 方法添加新记录时，必须使用 Update 方法将更新写入数据表。

（2）Delete 方法

Delete 方法用于删除当前记录的内容，记录删除后将下一条记录定位为当前记录。

（3）Edit 方法

使用 Edit 方法可使当前记录处于编辑状态。

（4）Update 方法

Update 方法用于将修改的记录内容保存到数据库中。该方法一般用在 AddNew、Edit 方法之后，保存当前记录的最新修改。

说明：程序运行时，使用 AddNew 方法或者 Edit 方法添加或修改记录后，可以使用 Update 方法将记录写入数据库，也可以通过移动记录指针的方法将记录写入数据库。

（5）Find 方法

Find 方法是用于查找记录，包含 FindFirst、FindLast、FindNext 和 FindPrevious 四种方法，这四种方法各自含义如下：

FindFirst	查找符合条件的第一条记录
FindLast	查找符合条件的最后一条记录
FindNext	查找符合条件的下一条记录
FindRrevious	查找符合条件的上一条记录

例如，在学生表中查找"学号"字段为"1271002"的记录：

```
Datal. Recordset. FindFirst    "学号='1271002'"
If Datal.Recordset.NoMatch    Then
MsgBox "找不到 1271002 号学生"
End If
```

一般情况下，当查找不到符合条件的记录时，需要显示提示信息给用户，此时可以使用 NoMatch 属性。

（6）Move 方法

Move 方法用于在记录集中移动记录指针，包含 MoveFirst、MoveLast、MoveNext 和 MovePrevious、Move [n]五种方法，各自含义如下：

MoveFirst	移动指针到首条记录
MoveLast	移动指针到末条记录
MoveNext	移动指针到下一条记录
MoveRrevious	移动指针到上一条记录
Move[n]	指针向前或向后移动 n 条记录，当 n 为负数时表示指针向前移动

说明：当前记录为末条记录时，如果使用 MoveNext 方法，将使 Recordset 对象的 EOF 的值变为 True；当前记录为首条记录时，如果使用 MovePrevious 方法，将使 Recordset 对象的 BOF 的值变为 True。

（7）Seek 方法

Seek 方法主要适用于表（Table）记录集查找，按照表中的索引字段查找符合条件的第一条记录，并将该记录作为当前记录。在使用 Seek 方法前，需要先通过 Recordset 对象的 Index 属性打开表的索引，再进行查找。该方法的查找速度比 Find 方法快。

例如，在学生表中查找学号为"1271004"的学生记录，可以使用如下命令：

```
Data2.Recordset.Index = "XH"
Data2.Recordset.Seek "=", "1271004"
```

（8）Close 方法

关闭指定的数据库、记录集，释放所占资源。

例如：　Data1.Recordset.Close

　　　　Data1.Database.Close

7.3.3　数据绑定控件

Data 控件本身不能显示和修改记录，要在窗体上显示和修改记录，需要将 Data 控件与其他具有数据绑定功能的控件，如文本框、标签等进行"绑定"后，才能进行相关操作。"绑定"主要是通过设置数据绑定控件的 DataSource 属性和 DataField 属性来实现。DataSource 属性指定一个合法的数据源，DataField 属性指定 Recordset 对象中的具体字段名称。

　　常用的数据绑定控件有文本框、标签、图片框、图像框、列表框、组合框、检查框、OLE控件等。

　　【例7-11】设计一个简单的学生成绩管理程序，实现本章的"学生管理.mdb"数据库中的成绩表信息处理。窗体运行界面如图7-16所示。

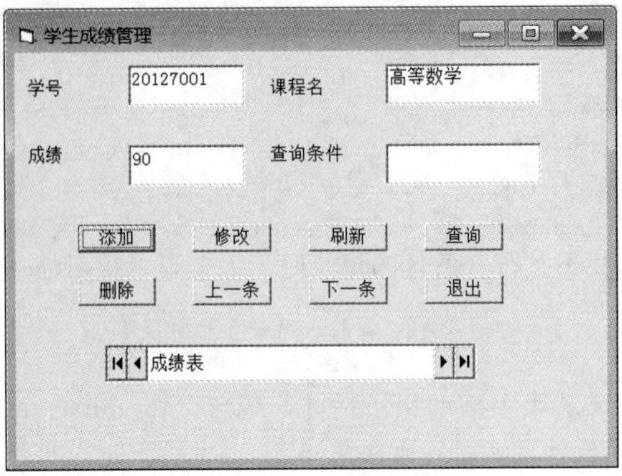

图 7-16　Data 控件应用实例

　　设计步骤如下：

　　（1）打开 VB 软件，新建"工程 1"。

　　（2）单击"外接程序"，选择"可视化数据管理器"。利用"文件"菜单，打开上节所述的"学生管理.mdb"数据库。

　　（3）在"工程 1"的 Form1 窗体中，添加 1 个数据控件 Data1，4 个标签控件 Label1～Label4，4 个文本框控件 Text1～Text4，8 个命令按钮控件 Command1～Command8。

　　（4）各控件属性设置如表 7-6 所列。

表 7-6　各控件对象属性

对象	属性	属性值
Form1	Caption	学生成绩管理
Data1	DataBaseName	...\学生管理.mdb
	RecordSource	成绩表
	RecordSetType	1-Dynaset
	Caption	成绩表
Label1	Caption	学号
Label2	Caption	课程名
Label3	Caption	成绩
Label4	Caption	查询条件
Text1	DataSource	Data1
	DataField	学号
Text2	DataSource	Data1
	DataField	课程名

续表

对象	属性	属性值
Text3	DataSource	Data1
	DataField	成绩
Text4	Text	为空
Command1	名称	CmdAdd
	Caption	添加
Command2	名称	CmdEdit
	Caption	修改
Command3	名称	CmdUpdate
	Caption	刷新
Command4	名称	CmdQur
	Caption	查询
Command5	名称	CmdDel
	Caption	删除
Command6	名称	CmdPre
	Caption	上一条
Command7	名称	CmdNext
	Caption	下一条
Command8	名称	CmdExit
	Caption	退出

（5）编写程序代码如下：

```
Private Sub CmdAdd_Click(Index As Integer)
    Data1.Recordset.AddNew          '添加记录
End Sub


Private Sub CmdDel_Click(Index As Integer)
    Data1.Recordset.Delete          '删除记录
End Sub


Private Sub CmdEdit_Click(Index As Integer)
    Data1.Recordset.Edit            '编辑修改记录
End Sub


Private Sub CmdExit_Click(Index As Integer)
    Data1.Recordset.Close
    Data1.Database.Close            '关闭指定的数据库、记录集
    Unload Me
End Sub


Private Sub CmdNext_Click(Index As Integer)
```

```
        Data1.Recordset.MoveNext          '移动指针到下一条
    If  Data1.Recordset.EOF  Then         '若指针移动到记录尾，则重定位到末条记录
        Data1.Recordset.MoveLast
    End If
End Sub

Private Sub CmdPre_Click(Index As Integer)
    Data1.Recordset.MovePrevious          '移动指针到上一条
    If Data1.Recordset.BOF Then           '若指针移动到记录首，则重定位到首条记录
    Data1.Recordset.MoveFirst
    End If
End Sub

Private Sub CmdQur_Click(Index As Integer)
    s = Trim(Text4.Text)                  '输入查询条件
    If s = "" Then
        MsgBox ("请输入查询条件！")
        Text4.SetFocus
    Else
      Data1.Recordset.FindFirst s
      If Data1.Recordset.NoMatch Then
        MsgBox "找不到符合条件" & s & "的记录!"
        Data1.Recordset.MoveFirst
      End If
    End If
End Sub

Private Sub CmdUpdate_Click(Index As Integer)
    Data1.Recordset.Update                '记录更新
End Sub

Private Sub Data1_Validate(Action As Integer, Save As Integer)
    If Save = True Then                   '是否保存记录
      y = MsgBox("是否保存记录？", vbYesNo, "save")
      If y = vbNo Then
        Save = False
      Data1.UpdateControls
      End If
    End If
End Sub
```

7.4 ADO 对象访问技术

ADO（ActiveX Data Objects，ActiveX 数据对象）是微软提出的应用程序接口（API），用以实现从应用程序界面访问关系或非关系数据库中的数据。使用 ADO 技术作为数据接口具有

ADO 控件和 ADO 对象模型两种实现方式。

7.4.1　ADO 控件的使用

ADO 控件与 Data 控件相似，但使用比 Data 控件更灵活，使用 ADO 控件可以快速建立数据绑定控件与数据源之间的连接，数据源可以是 Access、SQL Server、Oracle、DB2 等多种类型。

新建一个工程时，ADO 控件不在常用工具箱中，要使用该控件，需要首先将其添加到常用工具箱中，具体操作步骤如下："工程"→"部件"→"控件"选项卡→勾选"Microsoft ADO Data Control 6.0（SP4）（OLEDB）"复选框，如图 7-17 所示。单击"确定"按钮，将该控件添加到工具箱中。ADO 控件的常用属性、方法和事件与 Data 控件很相似。

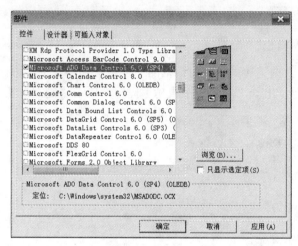

图 7-17　添加 ADO 控件

1. ADO 控件常用属性

（1）ConnectionString 属性

该属性用于设置 ADO 控件与数据库的连接。

设置 ConnectionString 属性的具体步骤如下：

1）在新窗体上添加 ADO 控件，系统默认控件名为"ADODC1"。

2）右键单击该 ADO 控件，在快捷菜单中选择"ADODC 属性"，打开"属性页"对话框，如图 7-18 所示。

在"通用"选项卡下，设置数据库的连接资源，有三种不同的方式：

- 使用 Data Link 文件：设置一个专门的连接文件（扩展名*.udl），完成与数据库的连接。
- 使用 ODBC 数据资源名称：连接到一个已经创建好的数据源（DSN），或者新建一个数据源（DSN）用于连接。
- 使用连接字符串：单击"生成"按钮，设置各种选项，产生连接字符串，实现连接。

3）以"使用连接字符串"为例，单击"生成"按钮，打开图 7-19 所示的"数据链接属性"对话框，选择需要的 OLE DB 提供程序，如连接 Access 数据库，选择"Microsoft Jet 4.0 OLE DB Provider"，单击"下一步"按钮。

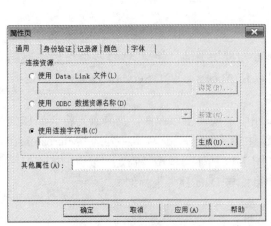

图 7-18　ADO 控件属性页

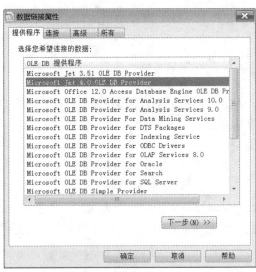

图 7-19　"数据链接属性"对话框

4）在新打开的"数据链接属性"对话框的"连接"选项卡中，选择所要访问的数据库，单击"测试连接"按钮，出现"测试连接成功"提示，单击"确定"按钮，如图 7-20 所示。

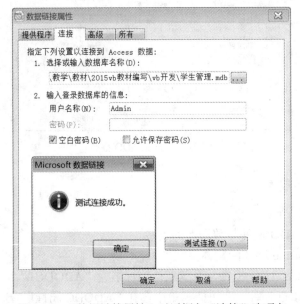

图 7-20　"数据链接属性"对话框之"连接"选项卡

5）连接成功后，在窗体中查看 ADODC1 控件的 ConnectionString 属性，可以发现其值为"Provider=Microsoft.Jet.OLEDB.4.0;Data Source=...\学生管理.mdb;Persist Security Info=False"。

（2）RecordSource 属性

该属性用于设置 ADO 控件要访问的数据记录源，记录源可以是一张数据表或一个数据查询的结果或一个预先定义好的存储过程。单击窗体中的 ADODC1 控件，在属性窗口中单击"RecordSource"属性右侧按钮，打开如图 7-21 所示记录源属性页对话框。

该对话框中，**命令类型**（CommandType）**属性**有四种取值，分别代表四种不同的记录来源，如表 7-7 所列。

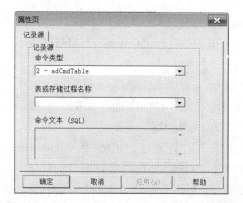

图 7-21 记录源 "RecordSource 属性" 对话框

表 7-7 CommandType 属性取值类型与含义

命令类型	含义
1-AdCmdText	记录源是一个查询
2-AdCmdTable	记录源是一张数据表
4-AdCmdStoredProc	记录源是一个存储过程
8-AdCmdUnknown	默认值，命令类型未知

如果要设置 ADODC1 控件记录源为学生表，可以选择命令类型取值为 "2-AdCmdTable"，并在 "表或存储过程名称" 框中选择 "学生表"。如要设置 ADODC1 控件记录源为查询，则命令类型取值为 "1-AdCmdText"，并在 "命令文本（SQL）" 框中输入查询命令 SQL 语句，如 "Select * From 学生表 Where 所在系='计算机系'"。

（3）UserName 属性、Password 属性

用于数据库访问时的用户名和密码。与相关数据库的安装过程设置有关。

（4）ConnectionTimeout 属性

设置连接超时的时限。

2．ADO 控件的常用方法

ADO 控件使用时，与 Data 控件很类似，也是使用 Recorset 对象存储数据记录。存在相似的常用方法。

（1）移动记录指针相关方法：MoveFirst、MoveLast、MovePrevious、MoveNext。

（2）添加记录方法：AddNew。

（3）删除记录方法：Delete。

（4）修改记录方法：Update（将添加或修改的记录结果保存到数据库中）。

（5）取消修改记录方法：CancelUpdate 方法，用于取消新添加的记录或取消对当前记录的修改。

（6）关闭记录集方法：Close。

7.4.2 ADO 数据绑定控件

与 Data 控件类似，ADO 控件也可以与文本框、标签、图片框、图像框、列表框、组合框、

检查框、OLE 等控件进行绑定。除此之外，ADO 还可以与数据网格控件（DataGrid）、数据列表控件（DataList）、数据组合框控件（DataCombo）、MSHFGrid、Microsoft Chart 等 ActiveX 控件绑定。

　　DataGrid 控件全称为"Microsoft DataGrid Control 6.0 SP5 OLE DB"，它以表格的形式显示结果集中的全部数据，允许用户在此控件中添加、修改、删除以及浏览数据记录。使用时需要预先从"工程"→"部件"菜单中添加到工具箱。

　　DataList 和 DataCombo 控件在功能上与 ListBox 和 ComboBox 类似。不同点在于，ListBox 和 ComboBox 控件用 AddItem 方法添加数据项，而 DataList 和 DataCombo 控件通过设置 RowSource 属性和 ListField 属性，可以直接从 ADO 结果集中获取数据。使用这两个部件需要通过"工程"→"部件"菜单中"Microsoft DataList Control 6.0 SP5 OLE DB"命令加入工具箱。

7.4.3　ADO 控件应用实例

　　下面以一个实例介绍 ADO 控件的使用方法。

　　【例 7-12】以本章 7.2 节建立的"学生管理.mdb"数据库为后台，设计一个使用 ADO 控件的窗体应用程序，运行界面如图 7-22、图 7-23 所示。

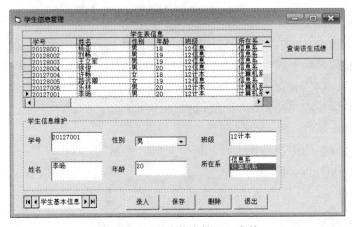

图 7-22　"学生信息管理"窗体

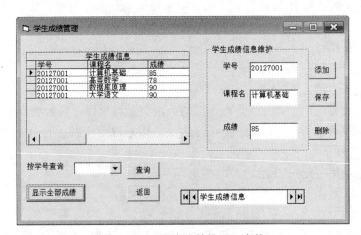

图 7-23　"学生成绩管理"窗体

主要功能：

在图 7-22 所示的"学生信息管理"窗体上，实现学生基本信息的录入、保存、删除功能。当单击"查看该生成绩"按钮时，可以将当前记录中学生的成绩记录显示在图 7-23 所示窗体的 DataGrid 控件中。另外，在图 7-23 窗体中，可以实现对成绩表记录的查询、添加、修改与删除等功能。

设计步骤如下：

（1）新建一个"学生管理"工程，利用 VisData 打开 7.2 节建立的"学生管理"数据库（学生管理.mdb）。在该工程中添加两个窗体：Form1 和 Form2，其 Caption 属性分别改为"学生信息管理"和"学生成绩管理"。

（2）"学生信息管理"窗体设计。在该窗体 Form1 中添加 1 个 DataGrid 控件，1 个 Frame 控件，1 个 ADO 控件，4 个 TextBox 控件（Text1～Text4），6 个标签控件。1 个 ComboBox 控件和 1 个 ListBox 控件，以及 5 个按钮控件（Command1～Command5），各控件对象属性设置如表 7-8 所列。

表 7-8　各控件对象属性设计

对象	属性	属性值
Form1	Caption	学生信息管理
Adodc1	ConnectionString	Provider=Microsoft.Jet.OLEDB.4.0;Data Source=...\学生管理.mdb;Persist Security Info=False
	RecordSource	Select * From 学生表
	CommandType	1-adCmdText
	Caption	学生基本信息
Label1	Caption	学号
Label2	Caption	姓名
Label3	Caption	性别
Label4	Caption	年龄
Label5	Caption	班级
Label6	Caption	所在系
DataGrid1	Caption	学生表信息
	DataSource	Adodc1
Combo1	Text	男
List1	DataSource	Adodc1
	DataField	所在系
Text1	DataSource	Adodc1
	DataField	学号
Text2	DataSource	Adodc1
	DataField	姓名
Text3	DataSource	Adodc1
	DataField	年龄

对象	属性	属性值
Text4	DataSource	Adodc1
	DataField	班级
Command1	名称	CmdQur
	Caption	查询该生成绩
Command2	名称	CmdExit
	Caption	退出
Command3	名称	CmdAdd
	Caption	录入
Command4	名称	CmdSave
	Caption	保存
Command5	名称	CmdDel
	Caption	删除

代码设计如下：

```
Private Sub Form_Load( )
    '将性别值添加到 Combo1 中
    Adodc1.CommandType = adCmdText
    Adodc1.RecordSource = "select distinct 性别 from 学生表"
    Adodc1.Refresh

    Do While Not Adodc1.Recordset.EOF
        Combo1.AddItem Adodc1.Recordset.Fields(0)
        Adodc1.Recordset.MoveNext
    Loop

    '将所在系的值添加到 List1 中
    Adodc1.RecordSource = "select distinct 所在系 from 学生表"
    Adodc1.Refresh
    Do While Not Adodc1.Recordset.EOF
        List1.AddItem Adodc1.Recordset.Fields(0)
        Adodc1.Recordset.MoveNext
    Loop
    Adodc1.RecordSource = "select * from 学生表"
    Adodc1.Refresh
End Sub

Private Sub CmdQur_Click( )    '查询当前记录定位的学生成绩信息
    If Text1.Text = "" Then
        MsgBox "请输入要查询的学生学号"
        Text1.SetFocus
    Else
        Form2.Show
```

```
        End If
    End Sub

    Private Sub CmdExit_Click( )    '退出
        Adodc1.Recordset.Close
        Unload Me
    End Sub

    Private Sub CmdAdd_Click( )    '录入学生信息
        Adodc1.Recordset.AddNew
        Adodc1.Recordset.Fields(0) = Trim(Text1.Text)
        Adodc1.Recordset.Fields(1) = Trim(Text2.Text)
        Adodc1.Recordset.Fields(2) = Trim(Combo1.Text)
        Adodc1.Recordset.Fields(3) = Val(Trim(Text3.Text))
        Adodc1.Recordset.Fields(4) = Trim(Text4.Text)
        Adodc1.Recordset.Fields(5) = Trim(List1.Text)
    End Sub

    Private Sub CmdSave_Click( )     '保存
    Adodc1.Recordset.Update
    End Sub

    Private Sub Command5_Click( )    '删除
      If Not Adodc1.Recordset.EOF Then
          Adodc1.Recordset.Delete
          If Adodc1.Recordset.RecordCount > 0 Then
              Adodc1.Recordset.MoveNext
          Else
              MsgBox "没有记录可以删除！"
        End If
      End If
    End Sub
```

（3）"学生成绩管理"窗体设计。在窗体 Form2 中添加 1 个 DataGrid 控件，1 个 Frame 控件，1 个 ADO 控件，3 个 TextBox 控件（Text1～Text3），4 个标签控件，1 个 DataCombo 控件，以及 6 个按钮控件（Command1～Command6）。各控件属性设置如表 7-9 所列。

表 7-9　各控件对象属性设计

对象	属性	属性值
Form2	Caption	学生成绩管理
Adodc1	ConnectionString	Provider=Microsoft.Jet.OLEDB.4.0;Data　Source=...\学生管理.mdb;Persist Security Info=False
	RecordSource	成绩表
	CommandType	2-adCmdTable
	Caption	学生成绩信息

对象	属性	属性值
Label1	Caption	学号
Label2	Caption	课程名
Label3	Caption	成绩
Label4	Caption	按学号查询
DataGrid1	Caption	学生成绩信息
	DataSource	Adodc1
DataCombo1	RowSource	Adodc1
	ListField	学号
Text1	DataSource	Adodc1
	DataField	学号
Text2	DataSource	Adodc1
	DataField	课程名
Text3	DataSource	Adodc1
	DataField	成绩
Command1	名称	CmdQurAll
	Caption	显示全部成绩
Command2	名称	CmdQur
	Caption	查询
Command3	名称	CmdAdd
	Caption	添加
Command4	名称	CmdSave
	Caption	保存
Command5	名称	CmdDel
	Caption	删除
Command6	名称	CmdRetu
	Caption	返回

代码设计如下：

```
Private Sub Form_Load()    '显示 Form1 窗体中当前记录学生的成绩
    Dim str As String
    str = Trim(Form1.Text1.Text)
    Adodc1.CommandType = adCmdText
    Adodc1.RecordSource = "select * from 成绩表 where 学号='" & str & "'"
    Adodc1.Refresh
    Set DataGrid1.DataSource = Adodc1
End Sub

Private Sub CmdQurAll_Click()        '显示全部成绩记录
```

```
        Adodc1.CommandType = adCmdText
        Adodc1.RecordSource = "select * from 成绩表"
        Adodc1.Refresh
End Sub

Private Sub CmdQur_Click( )      '根据学号查询
    On Err GoTo errsel
    Adodc1.RecordSource = "select * from 成绩表 where 学号='" & Trim(DataCombo1.Text) _
& "'"
    Adodc1.Refresh
    Exit Sub
    errsel:
        MsgBox "找不到符合条件的记录！"
    End Sub

Private Sub CmdAdd_Click( )      '添加
    Adodc1.Recordset.AddNew
    Adodc1.Recordset.Fields(0) = Trim(Text1.Text)
    Adodc1.Recordset.Fields(1) = Trim(Text2.Text)
    Adodc1.Recordset.Fields(2) = Val(Trim(Text1.Text))
  End Sub

Private Sub CmdSave_Click( )    '保存
    Adodc1.Recordset.Update
End Sub

Private Sub CmdDel_Click( )      '删除
  If Not Adodc1.Recordset.EOF Then
        Adodc1.Recordset.Delete
        If Adodc1.Recordset.RecordCount > 0 Then
            Adodc1.Recordset.MoveNext
        Else
            MsgBox "没有记录可以删除！"
    End If
  End If
End Sub

Private Sub CmdRetu_Click( )    '返回
    Unload Me
    Form1.Show
End Sub
```

7.4.4 ADO 对象模型

ADO 对象访问数据库，主要是使用其内部包含的多个对象实现，具体模型如图 7-24 所示。其中 Connection、Command、Recordset 三个对象至关重要。各对象属性以及方法的使用与 ADO 控件类似。

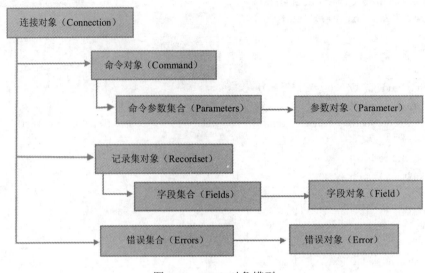

图 7-24　ADO 对象模型

1. ADO 内部对象

连接对象（Connection）：Connection 用于与数据库建立连接，执行查询及进行事务处理。在连接时必须指定使用哪种类型数据库的 OLE DB 提供程序。常用属性和方法如表 7-10 所列。

表 7-10　Connection 对象常用属性与方法

名称	说明
ConnectionString	设置到数据源的连接信息，与 ADO 控件的使用方式一致
Open 方法	打开到数据源的连接
Close 方法	关闭连接
Cancel 方法	取消方法的调用
Execute 方法	对连接执行各种操作

命令对象（Command）：命令对象用来指定 ADO 可以执行的数据库操作命令（如添加、修改、删除和查询）。用命令对象执行一个查询字符串，可以返回一个记录集合。常用属性和方法与 ADO 控件的使用类似。

记录集对象（Recordset）：记录集对象类似于 Data 控件的 Recordset 对象，用于存储数据表中的数据或查询返回的结果集，可以在结果集中添加、修改、删除和移动记录。记录集对象是对数据库进行查询和更新的主要对象。

字段对象（Fields 字段集合对象，Field 字段对象）：字段对象用于表示记录集 Recordset 中的信息，包括列值信息。一个记录集包括了多行记录，字段是记录中的列，每个字段分别有名称，数据类型和值等属性，字段中包括了来自数据库中的真实数据。要修改其中的数据可在记录集中修改 Filed 字段对象，也可以通过在记录集中访问 Fields 字段集合对象，再定位要修改的 Filed 字段对象。对记录集的修改将最终被传送给数据库。

错误集合（Errors）：任何涉及 ADO 对象的操作都可以产生一个或多个提供程序错误。产生错误时，可以将一个或多个 Error 对象置于 Connection 对象的 Errors 集合中。在 VB 中出现特定 ADO 的错误，将引发 On Error 事件并且该错误将显示在 Error 对象中。

2. ADO 对象模型实例

使用 ADO 对象编程时，选择"工程"→"引用"→"Microsoft ActiveX Data Object 2.5 Library"选项，单击"确定"按钮，添加到窗体中。

【例 7-13】使用 ADO 对象访问技术，设计一个窗体应用程序，运行界面如图 7-25 所示。要求在窗体上单击"浏览"按钮，能够显示"成绩表"中各条记录。

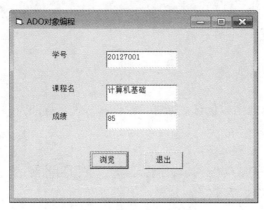

图 7-25　ADO 对象应用实例

设计步骤如下：

（1）新建一个"学生管理"工程，利用 VisData 打开 7.2 节建立的"学生管理"数据库（学生管理.mdb）。在该工程中添加 1 个窗体 Form1，其 Caption 属性改为"ADO 对象编程"。

（2）在窗体 Form1 中引用 ADO 对象，添加 3 个 TextBox 控件（Text1～Text3），3 个标签控件，以及 2 个按钮控件（Command1～Command2）。代码设计如下：

通用声明：

```
Dim cnn As New ADODB.Connection
Dim rs As New ADODB.Recordset

Private Sub Form_Load( )          '初始化
    cnn.ConnectionString = "Provider=Microsoft.Jet.OLEDB.4.0;Data Source=...\学生管理.mdb;
                            Persist Security Info=False"
    cnn.Open
    s = "select * from 成绩表"
    rs.Open s, cnn
End Sub

Private Sub Command1_Click( )     '浏览
    Text1.Text = rs.Fields(0)     '也可以写成 rs!学号或 rs.Fields("学号")
    Text2.Text = rs.Fields(1)     '也可以写成 rs!课程名或 rs.Fields("课程名")
    Text3.Text = rs.Fields(2)     '也可以写成 rs!成绩或 rs.Fields("成绩")
    rs.MoveNext
    If rs.EOF Then
        rs.MoveFirst
    End If
```

```
End Sub
Private Sub Command2_Click()    '退出
        cnn.Close
        Unload Me
End Sub
```

注：取记录集中的列值可以用如下三种方式：

recordset 对象名.Fields(index)   'index 为列的序号，从 0 开始编号

recordset 对象名.Fields("字段名")

recordset 对象名!字段名

ADO 对象模型使用方法与 ADO 控件使用方法基本类似。

7.4.5　数据窗体向导

为了能够方便、快速地生成包含数据绑定控件和事件过程的窗体，VB 还提供了数据窗体向导。

数据窗体向导的使用步骤如下：

（1）单击"外接程序"→"外接程序管理器"，在弹出的对话框中选择"VB 6 数据窗体向导"，选中右下角的"加载/卸载"复选框，如图 7-26 所示。

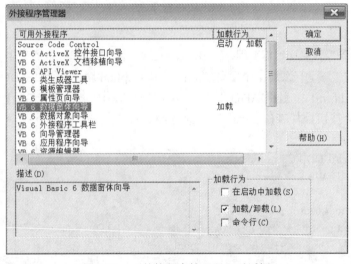

图 7-26　"外接程序管理器"对话框

（2）单击"确定"按钮后，在"外接程序"菜单下出现了"数据窗体向导"子菜单，单击该子菜单，打开如图 7-27 所示的"数据窗体向导"对话框，单击"下一步"按钮，选择数据库类型为"Access"。

（3）单击"下一步"按钮，打开"数据窗体向导-数据库"对话框，单击"浏览"按钮，选择要访问的数据库，如"...\学生管理.mdb"。

（4）单击"下一步"按钮，打开"数据窗体向导-Form"对话框，如图 7-28 所示，输入窗体名称为 Frmstudent，选择窗体布局为"网格（数据表）"，绑定类型为"ADO 数据控件"。

（5）单击"下一步"按钮，打开"数据窗体向导-记录源"对话框，选择记录源为"学生表"，如图 7-29 所示，将"可用字段"框中学生表的所有字段都添加到"选定字段"框中。

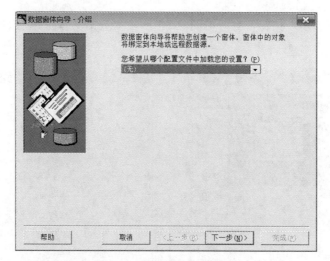

图 7-27 数据窗体向导-介绍

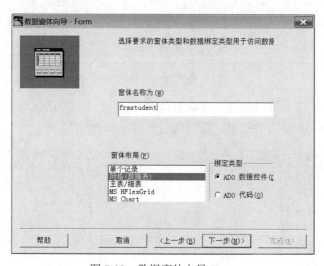

图 7-28 数据窗体向导-Form

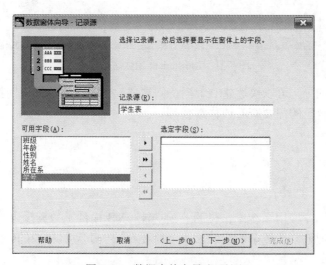

图 7-29 数据窗体向导-记录源

（6）单击"下一步"按钮，打开如图 7-30 所示"数据窗体向导-控件选择"对话框，选择需要的控件。

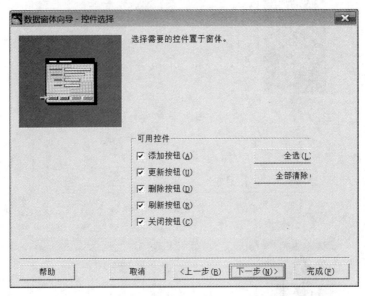

图 7-30　数据窗体向导-控件选择

（7）单击"下一步"按钮，在"数据窗体向导-已完成"对话框中，单击"完成"按钮。新窗体"Frmstudent"添加到工程中。新窗体运行结果如图 7-31 所示。

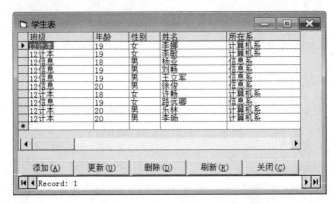

图 7-31　Frmstudent 窗体运行结果

通过数据窗体向导，可以快速建立数据访问窗体，新窗体中数据访问控件用的是 ADO 控件，用户可以根据自己的需要查看或修改代码。

7.5　设计报表

数据报表是数据库应用系统中常见的一项功能，VB 提供了数据报表设计器，通过鼠标的简单拖动，可以方便地创造复杂的报表，本节简要介绍一下数据报表的使用。

7.5.1 数据报表设计器（DataReport）

使用数据报表设计器之前，先通过"工程"→"添加 DataReport"菜单选择，将 DataReport
对象添加到工程中，默认名称为 DataReport1，同时出现 DataReport 窗体，如图 7-32 所示。

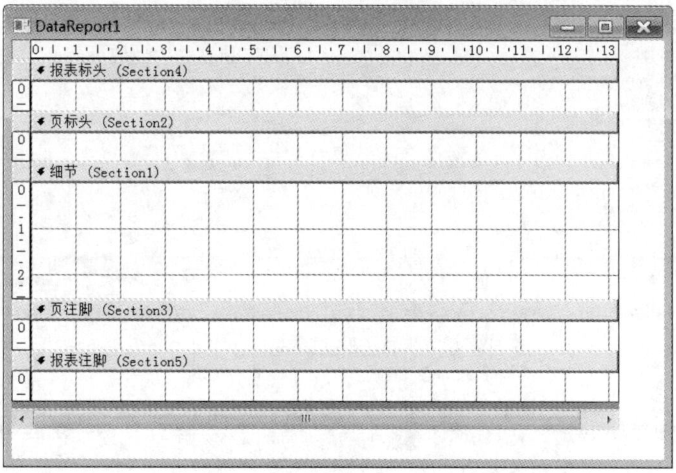

图 7-32 DataReport 窗体

DataReport 窗体由五个部分组成：

报表标头：其内容出现于整个报表的每一页，可以放置一些报表名称之类的文本。

页标头：其中内容只出现在当前页。

细节：用来进行数据显示的区域，可以在此放入控件，确定数据的输出样式。

页注脚：其中内容只出现在当前页，一般用来显示页码。

报表注脚：其中内容出现于整个报表每一页，可以放置一些时间之类的文本。

数据报表的数据源不是数据控件，而是数据环境（Data Environment），需要预先设计好数
据环境，才能设计数据报表。

7.5.2 数据环境（DataEnvironment）

通过"工程"→"添加 DataEnvironment"菜单选择，将 DataEnvironment 对象添加到工程
中，默认名称为 DataEnvironment1，同时出现 DataEnvironment 窗口，该窗口中，主要有两个对
象：Connection 对象和 Command 对象，其功能与 ADO 对象中的相应对象类似，Connection 对
象指定连接的数据库，Command 对象指定连接的数据表或查询。设计时，先右键单击 Connection
对象，在"属性"菜单下设置连接的数据库类型，以及具体的数据库存储路径等。然后右键单
击 Command 对象，选择"添加命令"子菜单，新建 Command1 对象，如图 7-33 所示。

7.5.3 数据报表设计实例

【**例 7-14**】利用数据报表设计器，设计一个"学生成绩一览"报表，设计步骤如下：

（1）新建一个工程，含一个窗体 Form1，参照上述内容，在工程中新建一个 DataEnvironment 对象（DataEnvironment1），并将其 Connection1 对象设置为连接 Access 数据库"学生管理.mdb"，右键单击 Command1 对象，选择"属性"子菜单，设置为连接"成绩表"，如图 7-34 所示。

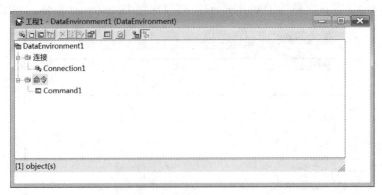

图 7-33　DataEnvironment 窗口

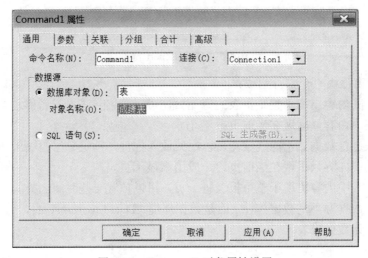

图 7-34　Command1 对象属性设置

（2）在工程中新建一个 DataReport 对象，将 DataEnvironment1 对象中的 Command1 对象直接拖动到 DataReport 对象的"细节"区域，并调整各字段的位置。

（3）设计报表标头为"学生成绩一览"，页注脚为当前页码。将 DataReport1 对象的 DataSource 属性设置为 DataEnvironment1，DataMember 属性设置为 Command1。

（4）在程序窗体 Form1 中，添加一个按钮控件，其 Caption 属性设为：显示报表。控件的代码如下：

```
Private Sub Command1_Click()
    DataReport1.Show        '显示报表
End Sub
```

（5）运行程序，在 Form1 窗体中，单击"显示报表"按钮，运行的报表界面如图 7-35 所示。

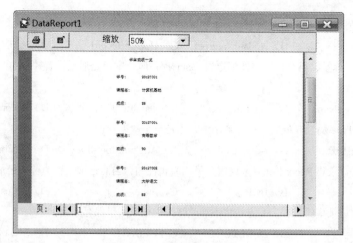

图 7-35 报表运行结果

习题七

一、选择题

1. 下列说法正确的是（　　）。
   - A）DBS 包括 DBMS 和 DB
   - B）DBMS 包括 DBS 和 DB
   - C）DB 包括 DBMS 和 DBS
   - D）三者彼此独立，互相无关

2. 下列不属于关系数据库基本概念的是（　　）。
   - A）记录
   - B）关系
   - C）字段
   - D）DB

3. 下列哪个对象可以提高数据的存储效率（　　）。
   - A）关系
   - B）索引
   - C）主键
   - D）记录指针

4. Access 数据库文件的扩展名是（　　）。
   - A）.mdb
   - B）.ldf
   - C）.mdf
   - D）.doc

5. 向表中添加记录的命令动词是（　　）。
   - A）Insert
   - B）Update
   - C）Delete
   - D）Select

6. 查询职工表中 1990 年以后（含 1990 年）出生的职工的基本信息，相应查询语句是（　　）。
   Select * From 职工表 Where 出生日期>='1990-1-1'
   Select * From 职工表 Where 出生日期>=1990-1-1
   Select * From 职工表 Where 出生日期>='1990-1-1'
   Select * From 职工表 Where 出生日期>'1990-1-1'

7. SQL 查询语句中（　　）用于对查询结果排序。
   - A）Group by
   - B）Order By
   - C）Delete
   - D）Select

8. 可以包含来自于一个数据表或一个查询结果，并且能从其中添加、修改、删除记录，任何改变都将反映到数据表中的是（　　）记录集。
   - A）表类型
   - B）动态集类型
   - C）快照类型
   - D）以上都不是

9. Data 控件使用（　　）方法打开或重新打开数据库。

    A）Refresh   B）UpdateControls   C）UpdateRecord   D）AddNew

10. 将文本框、标签、组合框等控件绑定到 Data 控件时，主要是通过设置控件的两个属性 DataSource 和（　　）。

    A）DataBaseName   B）DataMember   C）DataField   D）RecordSource

11. CommandType 属性取值（　　）表示记录源是一个数据查询。

    A）adCmdText   B）AdCmdTable   C）AdCmdStoredProc   D）AdCmdUnknown

12. ADO 控件记录集 Recordset 对象使用（　　）属性测试当前记录是否为首条记录之前。

    A）EOF   B）BOF   C）State   D）Status

13. ADO 控件记录集的（　　）方法将添加或修改的记录结果保存到数据库中。

    A）ADD   B）DELETE   C）UPDATE   D）MOVE

14. 以下向成绩表中添加一条记录的命令正确的是（　　）。

    A）Insert into 成绩表 value('1271003','大学语文',76)

    B）Insert into 成绩表 values('1271003','大学语文',76)

    C）Update 成绩表 value('1271003','大学语文',76)

    D）Delete from 成绩表 value('1271003','大学语文',76)

15. 数据报表的数据源是（　　）。

    A）DataSource   B）DataEnvironment

    C）Table   D）以上都不是

二、填空题

1. 一张数据表中，如果某个字段（或几个字段集合）能够唯一地确定一条记录，则称该字段（或字段集合）为_____。

2. 查找"职工表"中工龄大于 10 年的职工的"职工号""工龄""基本工资"，查询语句为_____。

3. 结构化查询语言（Structured Query Language，SQL）包含_____、_____、_____和_____功能。

4. _____属性用于设置 ADO 控件要访问的数据记录源。

5. 学生李娜从计算机系转入信息系，需要修改学生表中李娜的所在系信息，使用的修改命令为_____。

三、编程题

1. 利用 VisData 设计一个图书数据库，其中包含作者表和图书表两张表，请结合现实语义设计表中各字段的类型、长度。

作者表

作者编号	作者名	性别	籍贯
Z1	成功	男	江苏
Z2	雪儿	女	山东
Z3	李明	男	上海

图书表

图书编号	图书名	作者号	价格	出版社
T1	祖国的天空	Z1	30	高等教育出版社
T2	我的一家	Z2	45	人民邮电出版社
T3	苹果的故事	Z1	70	苏州大学出版社
T4	天使是什么	Z3	84	苏州大学出版社

对作者表按照"作者编号"字段降序建立索引 zzbh，对图书表按照"图书编号"字段建立索引 tsbh。

2．向图书表和作者表中添加记录，记录内容如上述两表所示。

3．使用查询分析器，完成如下查询：

（1）查询作者雪儿的籍贯。

（2）查询图书"我的一家"的作者名和出版社。

（3）查询价格在 30～50 之间的图书信息。

4．仿照例 7-11，利用 Data 控件设计一个"图书表"处理程序，要求窗体界面上有数据查询、添加记录、修改记录、删除记录等功能。

8

图形、文本和多媒体应用

学习目标：

- 理解坐标系统、绘图的属性和事件
- 掌握三种不同的绘图方法：Line 方法、Circle 方法、PSet 方法
- 了解彩色图像的处理方法
- 掌握使用多媒体控件（MMControl）编写多媒体程序的方法
- 了解使用 Animation 控件、Windows Media Player 控件编写多媒体程序的方法
- 了解其他常用多媒体控件的基本功能，使用 API 函数编写多媒体程序的方法

8.1 绘制图形

图形图像可以为应用程序的界面增加趣味，增强可视效果。Visual Basic 实现了丰富的图形操作，除可利用图形控件、图形方法以及 Windows API 进行绘图外，还直接支持 OpenGL 语言，利用 OpenGL 可以绘制三维造型物体以及三维动画设计。这里主要介绍绘制图形的两种基本方法：

（1）使用图形控件，如 Line 控件、Shape 控件，无需编写代码，但只能实现简单功能；

（2）使用绘图方法，如 Line 方法、Circle 方法等。

8.1.1 图形控件

1. Line 控件

直线（Line）控件主要用来修饰窗体和显示直线，可以画出水平线、垂直线、对角线等，并可以改变直线的粗细、颜色和样式。

直线控件比较简单，常用属性如下：

（1）X1、Y1、X2、Y2 属性：表示直线控件的起始点(X1, Y1)和终止点(X2, Y2)的坐标，

确定两个端点的位置。

（2）BorderColor 属性：设置直线的颜色。

（3）BorderStyle 属性：设置直线的样式，有实线、虚线、点线、点划线等几种样式。

（4）BorderWidth 属性：设置直线的宽度。

运行时不能使用 Move 方法来移动 Line 控件，但是可以通过改变 X1、Y1、X2、Y2 属性来移动或调整它的大小。

直线（Line）控件的效果取决于属性的设置。可以在运行时修改其属性，如：

```
Line1.BorderWidth=2      '将直线宽度设置为 2（像素）
```

2. Shape 控件

形状（Shape）控件用于修饰窗体和显示图形，可显示矩形、长方形、椭圆、圆形、圆角矩和圆角正方形。

形状控件的常用属性如下：

（1）BackColor 属性：设置图形的背景色。

（2）BackStyle 属性：设置图形的背景样式是否透明。

（3）BorderStyle 属性：设置图形边框的样式。

（4）FillColor 属性：设置图形内部的填充颜色。

（5）FillStyle 属性：设置图形的填充方式，有水平直线、垂直直线、十字线、交叉对角线等，如表 8-1 所列。

（6）Shape 属性：用于设置图形的样式，其取值如表 8-2 所列。

表 8-1 FillStyle 属性值

取值	描述
0	实心填充
1	透明填充
2	以水平线进行填充
3	以垂直线进行填充
4	向上对角线填充
5	向下对角线填充
6	交叉线填充
7	对角交叉线填充

表 8-2 Shape 属性值

取值	描述
0	矩形
1	正方形
2	椭圆形
3	圆形
4	圆角矩形
5	圆角正方形

【例 8-1】编写程序显示 Shape 控件的 6 种形状及不同的填充方式，程序运行效果如图 8-1 所示。

设计步骤如下：首先在窗体上建立 Shape 控件组件 Shape1(0)～Shape1(5)，编写代码如下：

```
Private Sub Form_Activate()
Dim i As Integer
Print
Print " 0           1           2           3           4           5"
Shape1(0).FillStyle = 2
For i = 1 To 5
```

```
Shape1(i).Left = Shape1(i - 1).Left + 1000    '确定控件位置
Shape1(i).Shape = i              '使用 Shape 属性改变控件形状
Shape1(i).FillStyle = i + 2      '使用 FillStyle 属性改变控件填充方式
Shape1(i).Visible = True
Next i
End Sub
```

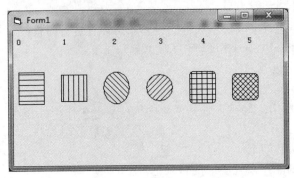

图 8-1　编程改变 Shape 控件的属性

8.1.2　VB 坐标系统和颜色

对象的坐标系统是绘制各种图形的基础，坐标系统选择的恰当与否直接影响着绘图的质量。绘图时通过设置坐标系统，可以准确地确定图形的位置和大小，因此，在绘图前，必须确定坐标系统。每个图形操作（包括调整大小、移动和绘图），都要使用到绘图区或容器的坐标系统。任何容器的缺省坐标系统，都是由容器的左上角(0,0)坐标开始。构成一个坐标系，需要三个要素：坐标原点、坐标度量单位、坐标轴的长度与方向。

1．坐标单位

坐标单位即坐标的刻度，通过设置对象（窗体、图片框等）的 ScaleMode 属性可以改变坐标系统的度量单位，如表 8-3 所列，缺省时为 Twip（缇）。例如，Form1.ScaleMode＝3（设置窗体 Form1 的度量单位为**像素**）。

表 8-3　ScaleMode 属性值

取值	名称	描述
1	Twip（缇）	1 英寸=1440 Twips
2	Point（磅）	1 磅=20 Twips
3	Pixel（像素点）	监视器或打印机分辨率的最小单位
4	Character（字符）	每水平单位=120 Twips；每垂直单位=240 Twips
5	Inch（英寸）	
6	Millimeter（毫米）	
7	Centimeter（厘米）	1 英寸=2.54 厘米；1 厘米=567 Twips
0	用户自定义	

2. 坐标方法

使用 **Scale 方法**也可以设置用户的坐标系统，其语法格式如下：

[<Object>.]Scale(x1,y1)-(x2,y2)

说明：(x1,y1)设置对象的左上角坐标，(x2,y2)设置对象的右下角坐标。使用 Scale 方法将自动把 ScaleMode 属性设置为 0（**自定义坐标系统**）。

3. 坐标属性

使用**坐标属性**也可以设置用户的坐标系统，与坐标系统有关的属性如表 8-4 所列。

表 8-4　坐标属性

属性	说明
ScaleTop	对象左上角的纵坐标
ScaleLeft	对象左上角的横坐标
ScaleWidth	对象右下角的横坐标
ScaleHeight	对象右下角的纵坐标
CurrentX	当前点的横坐标
CurrentY	当前点的纵坐标

例如，下列代码：

```
Form1. ScaleTop=-10
Form1. ScaleLeft=10
Form1.ScaleWidth=-10
Form1.ScaleHeight=10
```

与 Form1.Scale (-10, 10)-(10,-10)是等效的。

4. 使用 VB 颜色

VB 提供了两种选择**颜色函数** QBColor 和 RGB，其中 **QBColor 函数**能够选择 16 种颜色，它的语法格式为：QBColor(Num)，其中参数 Num 取值为 0～15 的整数。

RGB 函数能够选择更多的颜色，此函数有三个参数。它的语法格式为：RGB(R,G,B)，其中参数 R、G、B 分别指明三原色中红色、绿色、蓝色的比例，它们的取值范围为 0～255 的整数。

5. 线属性

画图时需设置**线宽度** DrawWidth 和线的样式 DrawStyle（取值 0～6，分别表示实线、虚线、点线、点划线、双点划线、无线、内收实线），只有 DrawWidth=1，DrawStyle 才有效，当 DrawWidth>1，画出的总是实线。

8.1.3　常用图形方法

1. Line 方法

Line 方法可以在对象（Object）——窗体（Form）、图片框（PictureBox）、打印机（Printer）上的两点之间画直线或矩形。此外，还常用 Line 方法绘制各种曲线。Line 方法的语法格式为：

[Object.] Line [[Step] (x1, y1)]－[Step](x2, y2) [, Color][,B[F]]

其中：(x1, y1)为线段的起点坐标或矩形的左上角坐标，(x2, y2)为线段的终点坐标或矩形的右下角坐标；(x1, y1)可以省略，若省略表示从当前位置(CurrentX,CurrentY)开始画；加入 Step 后坐标为相对于当前点的坐标；Color 为可选的长整数，设置直线或矩形的颜色，如果省略，则使用 ForeColor 属性值；B 表示画矩形；F 表示用画矩形的颜色来填充矩形，F 必须与 B 一起用。

2. Circle 方法

Circle 方法用于在对象上画圆、椭圆、圆弧和扇形。Circle 方法的语法格式为：

[Object.]Circle [Step](x,y),Radius[,Color,Start,End,Aspect]

其中：Object、Step、Color 作用同 Line 方法；(x,y)指定画圆、椭圆、圆弧或扇形的中心坐标；Start、End 指定（以弧度为单位）弧或扇形的起点和终点位置，取值范围为 $-2\pi \sim 2\pi$，Start 的缺省值为 0，End 的缺省值为 2π；Aspect 为垂直半径与水平半径之比，不能为负数，Aspect>1 时，椭圆沿垂直方向拉长，Aspect<1 时，椭圆沿水平方向拉长，为默认值 1 时，画圆。值得注意的是，可省略语法中间的某个参数，但不能省略分隔参数的逗号。

【例 8-2】使用 Line 方法和 Circle 方法画如图 8-2 所示的图形。

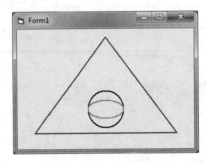

图 8-2　例 8-2 的运行图

分析：使用 Line 方法画三角形、用 Circle 方法画圆形及椭圆形。编写 Form_Click 事件代码如下：

```
Private Sub Form_Click()
    Scale (0, 15)-(20, 0) '设置坐标系统，窗体左下角为坐标原点
    DrawWidth = 2      '设置线宽
    Line (2, 2)-(18, 2), vbRed
    Line -(10, 14), vbRed
    Line -(2, 2), vbRed    '画红色三角形
    Const pi = 3.1415926
    Circle (10, 5), 2, vbBlue '画蓝色圆形
    Circle (10, 5), 2, vbGreen, , , 1 / 2   '画绿色椭圆，椭圆心与圆心重合
End Sub
```

3. Cls 方法

Cls 方法用于清除所有使用图形方法和打印语句在运行时所生成的文本或图形，并将光标移动到原点位置。清除后的区域以背景色填充。

格式：[Object.]Cls

例如，Picture1.Cls 清除图形框中的文本或图形。

调用 Cls 方法后，Object 的 CurrentX 和 CurrentY 属性复位为 0。

4. PSet 方法

PSet 方法可以在窗体、图片框等对象上的指定位置按确定的像素颜色画点。其语法格式为：

[Object.] PSet [Step] (x,y) [,Color]

说明：①Object 指明画点的场所，缺省对象为当前窗体。

②Step 关键字可选，表示相对坐标。

③参数(x, y)为所画点的坐标。

④Color 为该点指定的 RGB 颜色，也可以由函数 RGB()或 QBColor()指定，若缺省，则使用当前的 ForeColor 属性值。

另外，还可以设置对象的 DrawWidth 属性来确定绘制点的大小。

【例 8-3】PSet 方法示例。

分析：在 VB 中通过 Form_Click()事件绘制正弦曲线，使用参数方程可方便地确定坐标点，应将角度转换成弧度。编写代码如下：

```
Private Sub Form_Click()
    Dim iheight As Integer
    iheight = Form1.Height / 2-300
    For i = 0 To Form1.Width        '用 PSet 画直线
        X = i
        Y = iheight
        PSet (X, Y), vbBlack
    Next i
    For i= 0 To Form1.Width          '用 PSet 画曲线
        X = i
        Y = iheight - iheight * Sin(i * 3.14 / 180 * 0.1)
        PSet (X, Y), vbRed
    Next i
End Sub
```

程序运行结果如图 8-3 所示。

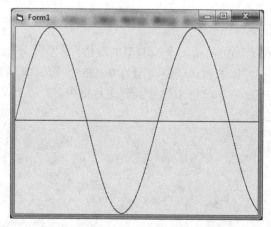

图 8-3   PSet 方法画正弦函数的曲线

Visual Basic 除可使用自身提供的绘图功能外，还可通过调用 Windows API（Windows Application Program Interface）提供的大量绘图函数实现绘图操作。在此，不作叙述。

8.2 彩色位图图像处理

图像是各种图形和影像的集合。图像包括：**矢量图和位图**。图像处理就是对图像进行分析、加工和处理，使其满足视觉、心理以及其他要求的技术。位图图像是一种特殊的矩阵，对位图的处理的本质是按照指定的要求对矩阵进行处理。VB 的 PictureBox 和 Image 等控件对图像的简单浏览和控制提供了支持。

8.2.1 获取图像数据

计算机中图像的存储格式主要有：bmp、jpg、gif 等，而图像的种类主要有：二值图像、灰度图像、彩色图像。处理图像的三要素：图像的高度和宽度、图像的起点（坐标格式）、每个像素的像素值。

在窗体中可以用图片框控件（PictureBox）来显示图形，图形装入图片框后，使用 **Point 方法** 获取图像上指定像素的颜色值。其语法格式如下：Object.Point(x,y)。

其中：Point 方法返回值为长整型。x 和 y 为对象中某个像素的位置坐标。若由 x 和 y 坐标引用的点位于对象之外，Point 方法将返回-1。

例如，获取(i,j)位置的像素颜色值：

```
Dim Color As Long
Color=Picture1.Point(i,j)
```

另外，利用 Point 方法虽然可以读取图像的像素值，但速度却很慢。在 VB 中快速获取图像像素的方法是使用 **DIB**（Device-Independent Bitmap）方法，利用 DIB 方法可以快速获取图片框中的图像信息，对其执行处理后，可以通过 API 函数 SetDIBToDevice 将处理后的结果在图片框中显示出来。

8.2.2 彩色位图颜色值的分解

Point 方法获取到的像素颜色值是一个长整型的数值，占四个字节，最上位字节的值为 0，其他三个字节依次为 B、G、R 的值，取值范围为 0～255，运算取得 R、G、B 的值可以使用 RGB 函数来设置，再用 PSet 方法将每个像素画到图片框中。

设置**图像像素颜色**的方法：

```
Dim Color As Long
Dim Red As Integer, Green As Integer, Blue As Integer
Color=Picture1.Point(i,j)
Red = Color And &HFF&
Green = (Color And &HFF00&) / 256
Blue = (Color And &HFF000) / 65536
Picture2.PSet(X,Y),RGB(Red, Green, Blue)
```

得到 R、G、B 分量的值后即可对其进行计算，得出新的分量值，完成对彩色位图的**灰度变换、反转图片**等操作。

灰度变换：gray = 0.299 * Red+ 0.587 * Green+ 0.114 * Blue

　　　　　Picture2.PSet(X,Y),RGB(gray, Gray, Gray)

反转图片：R=255-Red

　　　　　G=255-Green

　　　　　B=255-Blue

　　　　　Picture2.PSet(X,Y),RGB(R, G, B)

8.2.3　绘制彩色位图的步骤

（1）使用 Point 方法用双重循环来读取每个像素的值，并计算 R、G、B 分量。

（2）根据要求对颜色分量进行所需效果运算后，再将每个像素的颜色用 PSet 方法画到图片框中。

这里我们也可定义一个三维数组，用来存放每个像素的颜色值。例如，三维数组 ImageP(2,x,y)用来存放(x,y)坐标的像素值。第一维对应于颜色，0、1、2 分别表示红、绿、蓝；第二维 "x" 对应于图形像素的行；第三维 "y" 对应于图形像素的列。

【例 8-4】将图片框的图片进行灰度变换。

（1）在窗体中放置两个图片框 Picture1 和 Picture2，设置 Picture1 的 Picture 属性为图形文件的路径，设置 Picture1 和 Picture2 的 ScaleMode 属性值为 3（Pixel）。

（2）单击 "灰度变换" 按钮，先获取图片框 Picture1 中的每个像素的颜色值存放在三维数组 ImageP 中，并进行运算，再用 PSet 方法画到图片框 Picture2 中。

```
Private Sub Command1_Click()
    Dim Color As Long
    Dim R As Integer, G As Integer, B As Integer, I As Integer, J As Integer, gray As Integer
    M = Picture1.ScaleHeight
    N = Picture1.ScaleWidth
    For J = 0 To N
    For I = 0 To M
    Color = Picture1.Point(I, J)     '获取一个像素点的 RGB 颜色值
    R= Color And &HFF&          '分解 RGB 颜色值分别得出颜色分量 R、G、B
    G= (Color And &HFF00&) / 256
    B = (Color And &HFF000) / 65536
    gray = 0.299 * R+ 0.587 * G + 0.114 * B          '灰度变换的计算
    Picture2.PSet (I, J), RGB(gray, gray, gray)          '使用 PSet 方法画出变换后的图
    Next
    Next
End Sub
```

运行界面如图 8-4 所示。

图 8-4　例 8-4 的运行结果图

8.3   设置文本

8.3.1   文本字体

1. Font 属性

窗体、控件和打印机都具有用于设置字体的 Font 属性。Font 属性实际上就是一个 Font 对象，在设计时 Font 对象不能直接使用，而要双击属性窗口中 Font 属性后的按钮 ，弹出"字体"对话框，如图 8-5 所示，在对话框中进行设置。

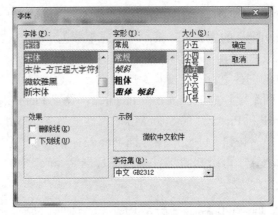

图 8-5   "字体"设置对话框

在运行时，通过设置 Font 对象的属性来设置字体的特征。Font 对象的属性如表 8-5 所列。Font 对象的属性与早期 VB 版本的 FontName、FontBold 等保持兼容。

表 8-5   Font 对象的属性

属性名	数据类型	说明
Name	String	字体的名字。例如，宋体、隶书等
Size	Single	字体的大小（五号、10 等）
Bold	Boolean	粗体
Italic	Boolean	斜体
StrikeThrough	Boolean	删除线
Underline	Boolean	下划线
Weight	Integer	字体的粗细

例如设置窗体 Form1 的字体为 12 号斜粗宋体。

```
Form1.Font.Name="宋体"
Form1.Font.Size=12
Form1.Font.Bold=True
Form1.Font. Italic=True
```

2. TextHeight 和 TextWidth 方法

TextHeight 和 TextWidth 方法用于返回 Form、PictureBox 或打印机的当前字体的高度和宽度。其语法格式为：

```
Object. TextHeight（字符串）
Object. TextWidth（字符串）
```

单击窗体时用 Print 方法居中显示"居中显示字体"的文本，如图 8-6 所示。

```
Private Sub Form_Click()
    Dim msg As String
    Form1.Font.Name = "宋体"
    Form1.Font.Size = 20
    Form1.Font.Bold = True
    Form1.Font.Italic = True
    msg = "居中显示字体"
    CurrentX = (ScaleWidth - TextWidth(msg)) / 2
    CurrentY = (ScaleHeight - TextHeight(msg)) / 2
    Print msg
End Sub
```

图 8-6　当前字体的高度和宽度

8.3.2　用户自定义字体

许多应用程序都有**颜色对话框**和**字体对话框**，方便用户根据需要或喜好自己选择所需的颜色和字体。前面章节介绍的公用对话框控件，将 Action 属性设置为 3 时，为颜色对话框，为 4 时显示字体对话框；也可以用 ShowColor 方法打开颜色对话框，用 ShowFont 方法打开字体对话框。

使用字体对话框时，需注意必须设置通用对话框的 Flags 属性值，其取值可为以下几个常数之一：

cdlCFScreenFonts：屏幕字体。

cdlCFPrinterFonts：打印机字体。

cdlCFBoth：既可以是屏幕字体又可以是打印机字体。

另外，为了指定对话框允许删除线、下划线，以及颜色效果，需将 Flags 属性值设置为 cdlCFEffects。例如：CommonDialog1.Flags = cdlCFBoth Or cdlCFEffects，该语句可使对话框列出可用的打印机和屏幕字体，同时指定对话框允许删除线、下划线，以及颜色效果。

【例 8-5】利用颜色对话框和字体对话框，改变文本框中文字的颜色和字体。

分析：在窗体上分别加入文本框 Text1，Caption 属性设为"Hello World!"；两个命令按钮 Command1、Command2，Caption 属性分别设为"改变颜色""改变字体"；加入通用对话框 CommonDialog1，用来建立颜色和字体对话框。编写程序如下：

```
Private Sub Command1_Click()
    CommonDialog1.CancelError = True    '当用户选择"取消"时，产生错误
    On Error GoTo ErrHandler    '一旦发生任何错误，无条件跳到标签 ErrHandler 所在行
    ErrHandler: If Err.Number Then Exit Sub
    CommonDialog1.ShowColor    '颜色对话框
    ' CommonDialog1.Action=3    '颜色对话框
    Text1.ForeColor = CommonDialog1.Color
End Sub
Private Sub Command2_Click()
    CommonDialog1.CancelError = True    '当用户选择"取消"时，产生错误
    On Error GoTo ErrHandler    '一旦发生任何错误，无条件跳到标签 ErrHandler 所在行
    ErrHandler: If Err.Number Then Exit Sub
    CommonDialog1.Flags = cdlCFBoth Or cdlCFEffects
    ' CommonDialog1.ShowFont    '字体对话框
    CommonDialog1.Action = 4    '字体对话框
    Text1.FontName = CommonDialog1.FontName
    Text1.FontSize = CommonDialog1.FontSize
    Text1.FontBold = CommonDialog1.FontBold
    Text1.FontItalic = CommonDialog1.FontItalic
End Sub
```

程序运行结果如图 8-7 所示，单击"改变颜色"和"改变字体"按钮可弹出"字体""颜色"对话框，供用户选择需要的字体和颜色。

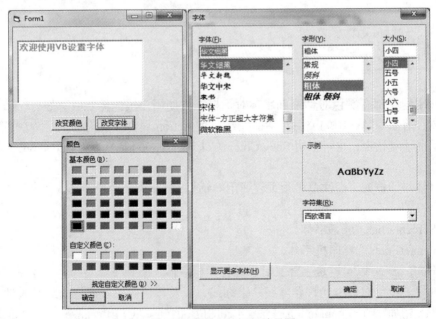

图 8-7　例 8-5 的运行结果图

8.4　多媒体应用

Visual Basic 具有先进的面向对象和事件的程序设计方法、简洁高效的程序开发环境，以及控制媒体对象手段灵活多样等特点，受到了广大多媒体软件开发人员的青睐。多媒体控件的引入使制作多媒体程序变得非常方便，只需加入简单的几行程序代码，就可以实现播放多媒体文件的目的。

8.4.1　多媒体控件 Multimedia MCI 的引入和外观

1.　多媒体控件 Multimedia MCI 的引入

在"工程"菜单中单击"部件"，或者在工具箱上单击右键，在弹出的"部件"对话框中，选择"Microsoft Multimedia Control 6.0"，然后单击"确定"按钮，即可将多媒体控件添加到工具箱当中。双击工具箱中的多媒体控件图标调用控件 MMControl1，窗体中出现一排灰色的媒体控制按钮，如图 8-8 所示。根据控件上按钮的顺序，它们分别被定义为 Prev（回到当前轨迹起点）、Next（到下一个轨迹起点）、Play（播放）、Pause（暂停）、Back（退后一步）、Step（前进一步）、Stop（停止）、Record（记录）、Eject（弹出）。

图 8-8　多媒体控件

2.　设备类型

MCI（媒体控制接口）是 Microsoft 公司为实现 Windows 系统下设备无关性而提供的媒体控制接口标准。用户可以方便地使用 MCI 控制标准的多媒体设备。MCI 提供了与设备无关的接口属性。在一个窗体中可以同时操作多个 MCI 设备，通常应用程序是通过指定一个 MCI 设备类型来区分 MCI 设备的，设备类型指明了当前使用设备的物理类型，可以用控件的 DeviceType属性来设置，命令的语法是：Object. DeviceType＝DeviceString，属性值 DeviceString 描述不同的设备类型，如表 8-6 所列。播放多媒体文件之前必须指定设备类型，例如，要播放 Wave文件可使用如下的语句：MMControl1.DeviceType = "WaveAudio"。

表 8-6　属性值 DeviceString 对应的设备类型

属性值	设备类型
视频音频设备	AVIVideo
激光唱盘播放设备	CDAudio
可以使用程序控制的激光视盘机	VideoDisc
数字化磁带音频播放机	DAT

续表

属性值	设备类型
MIDI 音序发生器	Sequence
动态数字视频图像设备	DigitalVideo
播放数字化波形音频的设备	WaveAudio
模拟视频图像叠加设备	Overlay
未给出标准定义的 MCI 设备	Other

3. 控制按钮

多媒体控件对多媒体控制接口 MCI 设备的多媒体数据文件实施记录或回放，是通过一组按钮来发出各种设备控制命令，以实现对音频面板、MIDI 音序器、CD-ROM 驱动器、音频 CD 播放机、录像带播放、录音带录放等设备的控制。多媒体控件的**控制按钮**由一系列能执行 MCI 命令的下压式按钮组成，如图 8-8 所示。

应用程序对控制按钮的操作非常灵活方便，可以让用户直接操作控件的按钮，也可以在程序运行过程中用代码设置 **Command 属性**进行控制，这一命令的语法是：Object.Command ＝CmdString，属性值 CmdString 是如下可执行命令名：Open、Close、Play、Pause、Stop、Back、Step、Prev、Next、Seek、Record、Eject、Sound 和 Save，具体描述如表 8-7 所列。当程序运行到设置命令的代码，命令将立刻执行。例如下面的语句是用来播放选中的媒体文件：MMControl1.Command ＝ "play"。

表 8-7　多媒体控件的常用命令

描述	命令
将设备的轨道后退一步	Back
关闭一个设备	Close
从光驱中退出光盘	Eject
到下一个轨道的起点	Next
打开一个设备	Open
暂停播放或暂停后重新开始	Pause
播放一个文件	Play
对一个设备进行记录	Record
存储一份打开的文件	Save
寻找位置（位置由 To 属性给出）	Seek
播音	Sound
前进一步	Step
停止播放或记录	Stop
回到当前轨迹的起点	Prev

8.4.2 设计多媒体应用程序

在允许用户从 Multimedia MCI 控件选取按钮之前，应用程序必须先将 MCI 设备打开，并在 Multimedia MCI 控件上启动适当的按钮。在 VB 中，应将 MCI Open 命令写在 Form1_Load 事件中。

在使用 Multimedia MCI 控件记录音频信号之前，应打开一个新的文件。这样可以保证记录声音的数据文件格式与系统记录格式完全兼容。

在关闭 MCI 设备之前，还应该发出 MCI Save 命令，以便把记录的数据保存到文件中。

MCI 能在单个窗体中支持多个 Multimedia MCI 控件实例，即可以同时控制多台 MCI 设备，其中每台设备需要一个控件。

Multimedia MCI 控件可以通过设置以下属性编程控制相关按钮状态和运行状态：

（1）AutoEnable 属性。

该属性用于决定系统是否能自动检测 MMControl 控件各按钮的状态。当属性值为 True（缺省值）时，系统会自动检测 MMControl 控件各按钮的状态，此时若有按钮为有效状态，则会以黑色显示，若无效，则以灰色显示；当属性值为 False 时，系统不会自动检测 MMControl 控件各按钮的状态，所有按钮将以灰色显示。

（2）PlayEnabled 属性

该属性用于决定 MMControl 控件的各按钮是否处于有效状态。缺省值为 False，即无效状态。当要使 Play 按钮、Pause 按钮有效时，可以在控件所在窗体的 Load 事件中添加如下代码：

```
Private Sub Form_Load()
    MMControl1.AutoEnable=False
    MMControl1.PlayEnable=True
    MMControl1.PauseEnable=True
End Sub
```

（3）PlayVisible 属性

该属性用于决定 MMControl 控件各按钮是否可视。当 PlayVisible 属性值为 True 时（缺省值），按钮可视；当 PlayVisible 属性值为 False 时，按钮不可视。

（4）Length 属性

返回所使用的多媒体文件长度。

（5）Frames 属性

指定 Back 或 Step 命令后退或前进的帧数。若 Frames 属性设置为 3，则每次按 Step 按钮，前进 3 帧。

（6）Notify 属性

决定 MMControl 控件的下一条命令执行后，是否产生或回调事件（CallbackEvent），为 True 则产生。

（7）Mode 属性

返回一个已打开的多媒体设备的状态，取值为 524～530，分别表示设备未打开、设备停止、设备正在播放、设备正在记录、设备正在查找、设备暂停、设备准备好。

多媒体控件的一些常用属性如表 8-8 所列。

表 8-8　多媒体控件的常用属性

属性	功能
To	确定下一条 Play 或 Record 命令的终点位置
FileName	确定一些多媒体设备使用的文件名
HwndDisplay	设置一个多媒体设备使用的窗口
From	确定下一条 Play 或 Record 命令的起点位置
Position	取回设备播放或记录的当前位置
Start	取回一条 Play 或 Record 命令的当前位置
TimeFormat	设置各种媒体设备使用的时间格式
Tracks	用于显示总的轨迹数量
UpdateInterval	指定 StatusUpdate 事件之间间隔的毫秒数
Track	在播放 CD 格式文件中，指定 Track 和 Track Position 属性返回信息的轨迹

　　另外，也可以通过 Multimedia MCI 控件的"属性页"对话框来改变多媒体控件的属性和外观，如图 8-9 所示。可以设置设备类型、文件名、更新间隔（指定 StatusUpdate 事件之间间隔的毫秒数）等相关属性。单击"控件"选项卡，"属性页"对话框如图 8-10 所示，可以设置各命令按钮的有效性和可见性。

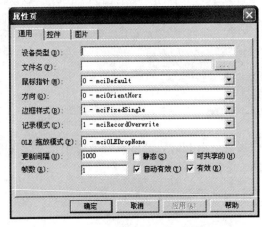

图 8-9　"属性页"对话框

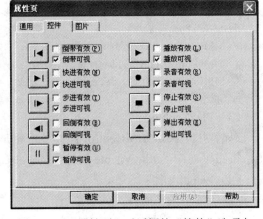

图 8-10　"属性页"对话框的"控件"选项卡

　　MMControl 控件的主要事件如下：

　　（1）Click 事件：主要是触发控件上命令按钮时响应。

　　（2）Done 事件：当 Notify 属性设置为 True 后所遇到的第一个 MCI 命令结束时触发该事件，其格式为：Private Sub MMControl_Done(Notify_Code As Integer)，每一次 Notify 属性仅对一条 MCI 控制命令有效，用户可在 Done 事件中决定如何进一步处理程序。

　　（3）StatusUpdate 事件：按 UpdateInterval 属性所给的时间间隔自动发生。该事件运行应用程序更新显示，以通知用户当前 MCI 设备的状态。应用程序可从 Position、Length 和 Mode 等属性中获得状态信息。

8.4.3　开发多媒体程序的其他方法

利用 Visual Basic 提供的多媒体控件 MMControl，可以方便、快捷、高效地开发出各种多媒体应用程序。需要指出的是，用 VB 开发设计多媒体应用程序，除了可以利用多媒体控件以外，还可以采用其他手段，如通过调用 Animation 控件、API 函数等。

1. Animation 控件

Animation 控件被称为**动画控件**，可以播放无声的视频动画 AVI 文件。AVI 动画类似于电影，由若干帧位图组成，这些位图按一定的顺序播放，但是没有声音。将 Animation 控件添加到工具箱的方法是：在工具箱上单击右键，在弹出的"部件"对话框中选中"Microsoft Windows Common Controls-2 6.0"，然后单击"确定"按钮。

2. Windows Media Player 控件

Windows Media Player 控件可以播放 AVI、WAV、MIDI、MPEG 和 MOV 等多媒体文件。将 Windows Media Player 控件添加到工具箱的方法是：在工具箱上单击右键，在弹出的"部件"对话框中选中"Windows Media Player"，然后单击"确定"按钮。

3. API 函数

（1）使用 **sndPlaySound 函数**播放音频文件

Windows 的 API 函数 sndPlaySound()可以直接播放音频文件和系统声音文件。sndPlaySound()函数有 lpszSoundName 和 uFlags 两个参数，lpszSoundName 用来指定播放的文件名称，uFlags 用来控制播放的状态。使用 sndPlaySound 函数，需要在模块中先声明，其声明语句为：

```
Public Declare Function sndPlaySound Lib "winmm.dll" Alias "sndPlaySoundA" (ByVal _ lpszSoundName As String, ByVal uFlags As Long) As Long
```

（2）使用 **mciExecute 函数**编写多媒体程序

使用 Windows 的 API 函数 mciExecute()可以播放 WAV、MID、DAT 等多种格式的多媒体文件。

在模块中声明 mciExecute 函数的语句为：

```
Public Declare Function mciExecute Lib "winmm.dll" (ByVal lpstrCommand As String) As Long
```

4. 其他常用多媒体控件

另外，VB 中还提供其他一些多媒体控件，这些常用多媒体控件的名称和基本功能见表 8-9。

表 8-9　其他常用多媒体控件

控件名称	基本功能	所在部件名称
MCIWnd 控件	用户不编写代码就可以播放诸如 WAV、MID、AVE、DAT 等格式的多媒体文件	MCIWnd Control
ShockWaveFlash 控件	利用控件提供的属性、方法和事件可以制作 Flash 播放器	ShockWave Flash

续表

控件名称	基本功能	所在部件名称
RealAudio 控件	可以利用该控件播放 RM、RAM 等格式的多媒体文件	Real Player ActiveX Control Library
ActiveMovie 控件	只要将其 FileName 属性值设置为特定的文件名称，就可以播放 MP3、AVI 等多媒体文件	MicroSoftActiveMovie Control

8.5　程序举例

【例 8-6】编写一个模拟漫天繁星的程序。

分析：主要是 PSet 方法的使用，PSet 方法可以画点，把这些点作为星星，而窗体则是天空，只需要将窗体的 BackColor 属性设置为黑色，就可以模拟夜晚的天空。为了丰富程序，加入一个时钟控件 Timer1（Interval 属性设为 100，即两次调用 Timer 事件的时间间隔，单位是毫秒），让星星不断地生成，并限制这些点只能生成在窗体上，其生成的位置和颜色则是随机的。

编写代码如下：

```
Private Sub Form_Load()
    Timer1.Enabled = True
End Sub

Private Sub Timer1_Timer()
    DrawWidth = 5    ' 画点的大小
    x = Int(Rnd * Form1.ScaleWidth)    ' 随机定位
    y = Int(Rnd * Form1.ScaleHeight)
    r = Int(Rnd * 255)    ' 随机颜色值
    g = Int(Rnd * 255)
    b = Int(Rnd * 255)
    Form1.PSet (x, y), RGB(r, g, b)
End Sub
```

程序运行后的界面如图 8-11 所示。

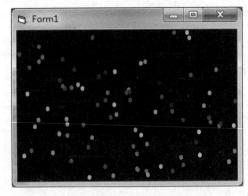

图 8-11　例 8-6 运行界面

【例 8-7】在窗体的 3 个文本框中输出某产品在不同的公司的销售额，计算所占的百分比，然后分别用不同的颜色绘制出椭圆的饼图。

分析：在窗体上拖放 3 个标签控件 Label1、Label2、Lable3 和 3 个文本框控件 Text1、Text2、Text3，1 个命令按钮控件 Command1 "画饼图"，1 个图片框控件 Picture1 显示饼图，如图 8-12 所示。

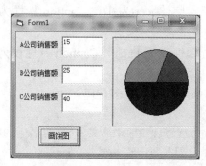

图 8-12 例 8-7 运行界面图

编写程序如下：

```
Private Sub Command1_Click()
        Const pi = 3.141593
        Dim a As Single, b As Single, c As Single, x As Single
        Picture1.Scale (-8, -8)-(8, 8)
        Picture1.FillStyle = 0        '实心填充
        a = Val(Text1.Text)
        b = Val(Text2.Text)
        c = Val(Text3.Text)
         x = 2 * pi / (a + b + c)    ' 计算每家公司在圆饼图中所占圆心角的弧度值
        '依次画出 3 个颜色不同的圆饼图
        Picture1.FillColor = RGB(255, 0, 0)
        Picture1.Circle (0, 0), 6, 0, -2 * pi, -a * x
        Picture1.FillColor = RGB(0, 255, 0)
        Picture1.Circle (0, 0), 6, 0, -a * x, -(a + b) * x
        Picture1.FillColor = vbBlue
        Picture1.Circle (0, 0), 6, 0, -(a + b) * x, -(a + b + c) * x
End Sub
Private Sub Form_Load()
        Picture1.Width = Picture1.Height
End Sub
```

【例 8-8】制作一个 CD 播放器。

分析：在窗体上添加一个多媒体控件（MMControl1）、一个标签控件（Lable1）和一个通用对话框控件（CommonDialog1），并利用菜单编辑器建立表 8-10 所列的菜单。

表 8-10 菜单属性

菜单项	Name 属性
唱片	CDROM
……选择播放曲目	Choose
……退出	MyExit

设置相关控件属性如下：

（1）在 MMControl1 控件的"属性页"对话框的"控件"选项卡中将"录音可视"设为不可用，因为 CD 播放器不需要录音按钮。

（2）在 Lable1 的属性窗口中分别设置 BorderStyle 属性为 1-Fixed Single，BackColor 属性为黑色，ForeColor 属性为黄色，字体大小为 16，Caption 属性为"显示播放曲目"，AutoSize 属性为 True。

（3）Form1 的 MaxButton 属性设为 False，Caption 属性设为"CD 播放器"。

编写程序代码如下：

单击"选择播放曲目"菜单项，添加如下代码：

```
Private Sub Choose_Click()
    CommonDialog1.Filter = "(CD*.CDA)|*.CDA"    '只显示扩展名为 CDA 的文件
    CommonDialog1.Action = 1    ' 以"打开"方式建立对话框
    MMControl1.Command = "Close"
    MMControl1.DeviceType = "CDAudio"
    MMControl1.UpdateInterval = 1000
    MMControl1.Command = "Open"
    MMControl1.TimeFormat = 10
    MMControl1.To = Val(Mid(CommonDialog1.FileName, 9, 2))
    ' 确定开始播放的轨迹
    MMControl1.Track = MMControl1.To
    MMControl1.Command = "Seek"
End Sub

Private Sub Form_Resize()
    If Form1.WindowState <> 1 Then    '防止用户最小化窗体时出错
        Form1.Width = 5850
        Form1.Height = 1875
    End If
End Sub
Private Sub Form_Unload(Cancel As Integer)    '程序关闭时，马上停止播放
    MMControl1.Command = "Stop"    '停止播放
    Unload Form1    '卸载窗体
End Sub
Private Sub MyExit_Click()    '单击"退出"菜单时，马上停止播放
    MMControl1.Command = "Stop"
    upload Form1
End Sub
Private Sub MMControl1_StatusUpdate()
    Label1.Caption = "播放第" + Str(MMControl1.TrackPosition) + "曲目"
End Sub
```

运行程序后，界面如图 8-13 所示。单击"唱片"菜单，选择"选择播放曲目"菜单项，弹出"打开"对话框，从中选择任意要播放的曲目，即可使用播放、向前、向后等按钮操作 CD。

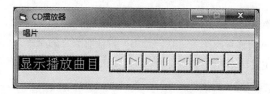

图 8-13 运行后的 CD 播放器

习题八

一、选择题

1. 坐标度量单位可通过（　　）来改变。

   A）DrawStyle 属性
   B）DrawWidth 属性
   C）Scale 方法
   D）ScaleMode 属性

2. 以下的属性和方法中（　　）可重定义坐标系。

   A）DrawStyle 属性
   B）DrawWidth 属性
   C）Scale 方法
   D）ScaleMode 属性

3. 当使用 Line 方法画线后，当前坐标在（　　）。

   A）(0, 0)
   B）直线起点
   C）直线终点
   D）容器的中心

4. 执行指令"Circle (1000,1000),500,8,-6,-3"将绘制（　　）。

   A）画圆
   B）椭圆
   C）圆弧
   D）扇形

5. 执行指令"Line (1200,1200)-Step(1000,500)，B"后，CurrentX=（　　）。

   A）2200
   B）1200
   C）1000
   D）1700

6. 对象的边框类型由属性（　　）来决定。

   A）DrawStyle
   B）DrawWidth
   C）BorderSyle
   D）ScaleMode

7. 当使用 Line 方法时，参数 B 与 F 可组合使用，下列组合中（　　）不允许。

   A）BF
   B）F
   C）不使用 B 与 F
   D）B

8. 当对 DrawWidth 进行设置后，将影响（　　）。

   A）Line、Circle、Pset 方法
   B）Line、Shape 控件
   C）Line、Circle、Point 方法
   D）Line、Circle、Pset 方法和 Line、Shape 控件

9. 命令按钮、单选按钮、复选框上都有 Picture 属性，可以在控件上显示图片，但需要通过（　　）来控制。

   A）Appearance 属性
   B）Style 属性
   C）DisablePicture 属性
   D）DownPicture 属性

10. Cls 命令可清除窗体或图形框中（　　）的内容。

    A）Picture 属性设置的背景图案　　　　B）设计时放置的图片

    C）程序运行时产生的图形和文字　　　　D）以上全部

11. 下面关于多媒体控件的描述错误的是（　　）。

    A）MMControl 控件包含 9 个按钮，按钮数量不可以改变

    B）使用 MMControl 控件可以播放 AVI 文件

    C）StatusUpdate 事件的时间间隔单位为毫秒

    D）在一个窗体中可以添加多个 MMControl 控件

12. 语句 MMControl1.Command= "Open"的含义是（　　）。

    A）开始播放多媒体文件　　　　　　　　B）弹出 CD-ROM 驱动器

    C）打开一个 MCI 设备　　　　　　　　　D）不合乎语法要求

13. 关于 Animation 控件的说法错误的是（　　）。

    A）Animation 控件只能播放不带声音的 AVI 文件

    B）Animation 控件的背景可以通过 BackStyle 属性设置为透明

    C）当 AutoPlay 属性为真时，Stop 方法无效

    D）Animation1.Play 10,1,20 表示从第 1 帧到第 20 帧连续播放 10 次

二、填空题

1. 改变容器对象的 ScaleMode 属性值，容器的大小＿＿＿＿改变，它在屏幕上的位置不会改变。

2. 容器的实际高度和宽度由＿＿＿＿和＿＿＿＿属性确定。

3. 设 Picture1.ScaleLeft= -200，Picture1.ScaleTop=250，Picture1.ScaleWidth=500，Picture1.ScaleHeight=-400，则 Picture1 右下角的坐标为＿＿＿＿。

4. 当 Scale 方法不带参数，则采用＿＿＿＿坐标系。

5. PictureBox 控件的 AutoSize 属性设置为 True 时，＿＿＿＿能自动调整大小。

6. 使用 Line 方法画矩形，必须在指令中使用关键字＿＿＿＿。

7. 使用 Circle 方法画扇形，起始角、终止角取值范围为＿＿＿＿。

8. DrawStyle 属性用于设置所画线的形状，此属性受到＿＿＿＿属性的限制。

9. Visual Basic 提供的图形方法有：＿＿＿＿清除所有图形和 Print 输出；＿＿＿＿画圆、椭圆或圆弧；＿＿＿＿画线、矩形或填充框；＿＿＿＿返回指定点的颜色值；＿＿＿＿设置各个像素的颜色。

10. 语句 MMControl1.PlayVisible=False 的作用是＿＿＿＿。

11. 实现让 MMControl1 在图片框控件（Picture1）上播放动画的语句为：＿＿＿＿。

12. 添写代码使得 Windows Media Player 以屏幕 1/6 大小显示图像 MediaPlayer1.DisplaySize=＿＿＿＿。

三、编程题

1. 在窗体上绘制阿基米德螺旋线，如图 8-14 所示，阿基米德螺旋线方程：

    $x=\theta*\cos(\theta)$

    $y=\theta*\sin(\theta)$

注意：θ 为度数，作为参数要变为弧度。

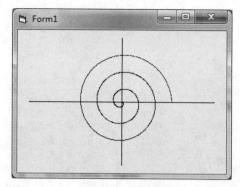

图 8-14 阿基米德螺旋线

2. 编写程序，从窗体左上角开始，沿主对角线画出 8 个红色矩形块，要求前后的矩形块连接，如图 8-15 所示。

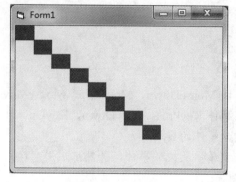

图 8-15 运行结果

3. 将图片框的图片进行反转显示，如图 8-16 所示，即将图片框 Picture1 中的图片，反转后画在图片框 Picture2 中。

图 8-16 运行结果

9

鼠标、键盘和 OLE 控件

学习目标：
- 掌握常用的鼠标事件 MouseDown、MouseUp、MouseMove，理解相关参数
- 掌握常用键盘响应事件 KeyPress、KeyDown、KeyUp，理解相关参数
- 熟练掌握鼠标、键盘事件的应用
- 掌握拖放操作的拖放属性及拖放事件，并熟练应用
- 了解 OLE 控件使用

9.1 鼠标

大多数控件可识别的**鼠标事件**除了前面章节中多次使用的 Click 和 DblClick 事件之外，还包括：**MouseDown 事件**、**MouseUp 事件**、**MouseMove 事件**。我们可以使用这些事件让应用程序对鼠标位置及状态的变化作出响应。

鼠标事件的语法格式如下：

Private Sub Object_鼠标事件(Button as Integer, Shift as Integer, X as Single, Y as Single)
End Sub

（1）**Button 参数**用来确定按下了哪个按钮或哪些按钮，其取值范围是 0～7 的整数。其中 Button 参数值为 1，则按下了左键；Button 参数值为 2，则按下了右键；Button 参数值为 4，则按下了中键；其相应的 VB 常数分别为 vbLeftButton，vbRightButton，vbMiddleButton。这些值的总和即代表这些按钮的组合。例如，同时按下左右按钮的 Button 参数值为 3（1+2）。

（2）**Shift 参数**表示当鼠标键被按下或被释放时，是否同时按下了 Shift、Ctrl、Alt 键。其取值范围是 1～7 的整数。Shift 参数值为 1，则按下了 Shift 键；Shift 参数值为 2，则按下了 Ctrl 键；Shift 参数值为 4，则按下了 Alt 键；其相应的 VB 常数分别为 vbShiftMask，vbCtrlMask，vbAltMask。这些值的总和即代表这些键的组合。例如，同时按下 Shift 和 Alt 键的 Shift 参数值为 5（1+4）。

（3）x，y：用来确定鼠标按下时鼠标的当前坐标位置。

MouseDown 事件是三种鼠标事件中最常用的事件，按下鼠标按钮时就可触发此事件。释放鼠标按钮时，MouseUp 事件被触发。鼠标指针在屏幕上移动时就会触发 MouseMove 事件。当鼠标指针处在窗体和控件的边框内，窗体和控件均能识别 MouseMove 事件。MouseDown 事件、MouseUp 事件和 MouseMove 事件搭配使用，往往相得益彰。

【例 9-1】编写一个在窗体上可用鼠标画不同线条宽度的任意曲线程序。

编写程序代码如下：

```
Dim dr As Boolean    '设定画线状态
Private Sub Form_MouseDown(Button As Integer, Shift As Integer, X As Single, Y As Single)
    dr = True '设定画线状态
    Form1.DrawWidth = Val(Text1.Text) '设定线条宽度
    CurrentX = X    '设定当前横坐标
    CurrentY = Y    '设定当前纵坐标
End Sub
'通过移动鼠标画线
Private Sub Form_MouseMove(Button As Integer, Shift As Integer, X As Single, Y As Single)
    If   dr Then
        Line -(X, Y)    '画线
    End If
End Sub
Private Sub Form_MouseUp(Button As Integer, Shift As Integer, X As Single, Y As Single)
    dr = False      '取消画线
End Sub
'通过滚动条调整线条宽度
Private Sub VScroll1_Change()
    Text1.Text = VScroll1.Value
End Sub
Private Sub Command1_Click()
    Cls    '清屏
End Sub
```

运行程序后，分别选择不同的线条宽度画线，其运行界面如图 9-1 所示。

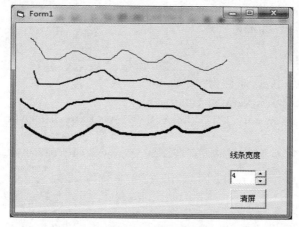

图 9-1　运行界面

9.2　键盘事件

键盘事件是用户敲击键盘时触发的事件，一般用来检测输入数据的合法性或对于不同键值的输入实现不同的操作。VB 中常用的键盘事件有：**KeyPress 事件**、**KeyDown 事件**、**KeyUp 事件**。

1. KeyPress 事件

当用户按下和松开一个 **ASCII 字符键**时发生 KeyPress 事件（即 KeyPress 事件只对能产生 ASCII 码的按键有反应）。该事件被触发时，被按键的 ASCII 码将自动传给事件过程的 **KeyAscii 参数**。在程序中，通过访问该参数，即可获知用户按下了哪个键。其语法格式为：

Private Sub Object_KeyPress(KeyAscii as Integer)

Object 为可以产生 KeyPress 事件的对象；

KeyAscii 参数为按键相对应的字符 ASCII 码值，大小写字母的值不同。将KeyAscii改变为 0时，可取消击键，这样对象便接收不到所按键的字符。具有焦点的对象才能接收事件，如设置 Text1.SetFocus、Text1_KeyPress 事件才可以响应。

【例 9-2】在文本框中输入用户的用户名和密码，并在输入时检测按键的有效性，要求用户名必须由字母构成，长度不超过 8 位，密码的长度不得少于 4 位。

编写程序代码如下：

"确定"按钮 Command1 的 Click 事件为：

```
Private Sub Command1_Click()
    If Trim(Text1.Text) = "admin" And Trim(Text2.Text) = "123456" Then
        MsgBox "合法用户，请继续使用！"
    Else
        MsgBox "非法用户，请重新登录！"
        End
    End If
End Sub
```

"取消"按钮 Command2 的 Click 事件为：

```
Private Sub Command2_Click()
    End
End Sub
```

文本框 Text1 的 KeyPress 事件为：

```
Private Sub Text1_KeyPress(KeyAscii As Integer)
    If KeyAscii < 65 Or KeyAscii > 122 Or (KeyAscii < 97 And KeyAscii > 90) Or Len(Trim(Text1.Text)) > 8
Then
        MsgBox "用户名长度长于 8 位或含有非字母字符", vbOKOnly, "输入出错!"
        KeyAscii = 0
        Text1.SetFocus
    End If
End Sub
```

文本框 Text2 的 Validate 事件为：

```
Private Sub Text2_Validate(Cancel As Boolean)
    If Len(Trim(Text2.Text)) < 4 Then
        MsgBox "密码长度小于 4 位", vbOKOnly, "输入出错!"
        Text2.Text = ""
        Cancel = True
    End If
End Sub
```

输入用户名"admin"和密码"123"单击"确定"按钮的输出结果如图 9-2 所示。

图 9-2　程序运行界面图

2. KeyDown 和 KeyUp 事件

KeyDown 和 KeyUp 事件是当一个对象具有焦点时按下或松开一个键发生的。当控制焦点位于某对象时，按下键盘的任意一键，则会在该对象上触发产生 KeyDown 事件，释放该键时，将触发产生 KeyUp 事件，之后产生 KeyPress 事件。

KeyDown 和 KeyUp 事件的格式：

```
Private Sub Object_KeyDown(KeyCode as Integer,Shift as Integer)
Private Sub Object_KeyUp(KeyCode as Integer,Shift as Integer)
```

说明：

（1）**KeyCode 参数**：是按键的扫描码，它的值只与按键在键盘上的物理位置有关，与键盘的大小写状态无关。

（2）**Shift 参数**：同鼠标事件的 Shift 参数取值，指示 Shift、Ctrl、Alt 键的状态。只有检查此参数才能判断输入的是大写字母还是小写字母。

（3）虽然 KeyDown 和 KeyUp 事件可应用于大多数按键，但一般用来处理不被 KeyPress 识别的击键，如功能键、编辑键、定位键，以及任何这些键和键盘换挡键的组合等。

（4）Tab 键不能引用 KeyDown 和 KeyUp 事件；命令按钮的 Default 属性设置为 True 时，Enter 键不能引用 KeyDown 和 KeyUp 事件；命令按钮的 Cancel 属性设置为 True 时，Esc 键不能引用 KeyDown 和 KeyUp 事件。

【例 9-3】使用 KeyDown 事件及 Shift 参数来区分字符的大小写。程序如图 9-3 所示。

图 9-3　例 9-3 运行界面

编写程序代码如下：

```
Private Sub Text1_KeyDown(KeyCode As Integer, Shift As Integer)
    'vbKeyA 是键盘 a 的键盘代码常数，Shift = 1 表示检测到 Shift 键
    If KeyCode = vbKeyA And Shift = 1 Then
        Dim b As Integer
        b = MsgBox("你按下了大写 A 键", vbOKOnly, "确认框")
    End If
End Sub
```

通过例 9-3 可知，KeyPress 与 KeyDown 和 KeyUp 事件有很大的区别。键盘事件的具体说明如表 9-1 所列。

表 9-1　键盘事件说明

	KeyPress	KeyDown 和 KeyUp
事件发生的时间	输入一个 ASCII 字符	按任意一个键
参数值	KeyAscii 接收到 字符的 ASCII 值	KeyCode 接收到 键的扫描码
按 Shift+A 时 事件发生的次数	事件发生一次	事件发生两次
按 Shift+A 时参数值 （键盘处于大写状态）	97	第一次是 16 第二次是 65
按 Shift+A 时参数值 （键盘处于小写状态）	65	第一次是 16 第二次是 65

9.3　拖放

VB 除了响应前面学习的多种鼠标和键盘的事件，还可以同时支持事件驱动的拖放功能和 OLE 的拖放功能。

拖放包括两个操作：**拖动**（Drag）：指按下鼠标并拖着控件移动；**放下**（Drop）：指释放鼠标键。在拖放操作中，通常把原来位置的对象称为**源对象**，将要放下位置处的对象称为**目标对象**。

1. 拖放属性

与拖放有关的属性有 DragMode 和 DragIcon。

（1）DragMode 属性

功能：确定拖放操作方式是自动方式还是手动方式，取值为 0 或 1。

0：（缺省），手工拖动模式；

1：自动拖动模式。

DragMode 属性为 1 时，则该对象不再接收 Click 事件和 MouseDown 事件。

（2）DragIcon 属性

拖动过程中显示的图标（.ico 或.cur 文件）。可以在程序中用 LoadPicture()函数加载或通过其他控件的 Picture 属性赋值。

2. 拖放事件

（1）DragDrop 事件

当一个控件拖动到一个目标对象上时，触发 DragDrop 事件，其语法格式为：

```
Private Sub Object_DragDrop(Source as Control, X as Single, Y as Single)
```

说明：

Source：正在被拖动的控件，即源对象。

X，Y：松开鼠标键时鼠标指针在目标对象中的坐标值。

（2）DragOver 事件

当拖动对象越过一个控件时便触发该控件的 DragOver 事件。其语法格式为：

```
Private Sub Object_DragOver(Source as Control,X as Single,Y as Single,State as Integer)
```

说明：

Object：表示拖放操作过程中源对象所处位置下方的控件。

Source、X、Y 参数含义同 DragDrop 事件。

State：表示源对象被拖动的状态。取值为 0、1、2，分别表示鼠标光标正进入控件的区域、正退出控件的区域及正位于控件的区域之内。

3. 拖放方法

与拖放有关的方法是 Drag 方法。当 DragMode 为 0 时，才需用 Drag 方法启动拖放。当然，也可对 DragMode 属性设置为 1 的对象使用 Drag 方法。其语法格式为：

```
Object.Drag    [Action]
```

说明：

（1）Action 是一个数值，取 0、1、2。

0：其常数为 vbCancel，表示取消拖放操作；

1（缺省）：其常数为 vbBeginDrag，表示开始拖放操作；

2：其常数为 vbEndDrag，表示结束拖放操作。

（2）只有在控件没有焦点时才能被拖动。为防止控件获得焦点，可将 TabStop 属性设置为 False。

【例 9-4】设计一个应用程序。窗体上有三个控件，分别是图像框（笑脸）控件，命令按钮（安装）控件和图片框（回收站）控件，要求图像框和命令按钮控件可以在窗体中随意拖动到不同的位置。当把图像框拖到图片框（回收站）上释放鼠标左键时，提示是否删除该对象，若选择删除，则窗体中图像框消失，图片框中回收站图片改变。若将命令按钮拖到图片框上释放鼠标左键时，提示"不能删除此对象"信息。

分析：在窗体上分别拖动三个控件：Image1、Picture1、Command1，并分别设置 Picture 属性和 TabStop 属性为 False。编写程序代码如下：

```
Private Sub Form_DragDrop(Source As Control, X As Single, Y As Single)
    '将拖放的源对象移到新位置
    Source.Move X - Source.Width / 2, Y - Source.Width / 2
End Sub
Private Sub Picture1_MouseDown(Button As Integer, Shift As Integer, X As Single, Y As Single)
If Button = 1 Then        '判断是否按下左键
Picture1.Drag 1           '手工启动拖放
```

```
End If
End Sub
Private Sub Command1_MouseDown(Button As Integer, Shift As Integer, X As Single, Y As Single)
If Button = 1 Then      '判断是否按下左键
Command1.Drag 1         '手工启动拖放
End If
End Sub
Private Sub Image1_MouseDown(Button As Integer, Shift As Integer, X As Single, Y As Single)
If Button = 1 Then      '判断是否按下左键
Image1.Drag 1           '手工启动拖放
End If
End Sub
Private Sub Picture1_DragDrop(Source As Control, X As Single, Y As Single)
If TypeOf Source Is Image Then      '判断拖动源的类型
    If MsgBox("确实要删除此对象吗？", vbYesNo, "操作提示") = vbYes Then
      Picture1.Picture = LoadPicture(App.Path + "\RECYFULL.ICO")
      Source.Visible = False      '隐藏源控件
    Else
      Image1.Drag 0 '取消控件的拖放操作
    End If
  Else
    MsgBox "对不起，此对象不能删除！"
End If
End Sub
Private Sub Command1_DragDrop(Source As Control, X As Single, Y As Single)
If TypeOf Source Is Image Then
    If MsgBox("确实要删除此对象吗？", vbYesNo, "操作提示") = vbYes Then
    Picture1.Picture = LoadPicture(App.Path + "\RECYFULL.ICO")
    Source.Visible = False
    Else
    Image1.Drag 0
    End If
    Else
    MsgBox "对不起，此对象不能删除！"
End If
End Sub
```

运行程序后，拖动笑脸图像到回收站图片后，运行结果界面如图 9-4 所示。

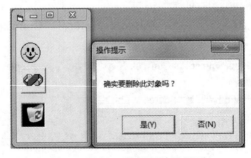

图 9-4   例 9-4 的运行结果界面

9.4 使用 OLE 控件

9.4.1 添加 OLE 容器控件

VB 提供了一个 OLE 容器控件（在工具箱中），用于容纳"链接"对象或"嵌入"对象，也就是说，可以使用 OLE 容器控件来插入对象。采用 OLE 技术开发的应用程序可以集成其他软件的功能，而不用重复开发相同功能。例如，你可以通过 Word、Excel、Mail、Microsoft Graph 等建立起一个包含文字处理、电子报表、电子邮件和统计图形功能的综合性办公自动化系统软件。

在 Visual Basic 的工具箱右下角，可以找到 **OLE 控件**，开发时直接使用该控件就可以开发出 OLE 应用程序。下面，我们举例说明 OLE 控件的使用方法：

【例 9-5】在 VB 程序中使用 Excel 表格。

分析：程序设计步骤如下（如图 9-5 所示）：

（1）创建工程和窗体 Form1。

（2）单击工具箱中的 OLE 控件，在窗体 Form1 上拖动鼠标设置控件的大小和位置，释放鼠标后，屏幕出现"插入对象"对话框。

（3）在列表框中选择"Microsoft Office Excel 工作表"，单击"确定"按钮。

（4）窗体中显示一个空白的 Excel 表格，在表格中输入数据。

（5）单击窗体的空白区域，完成对象的创建。

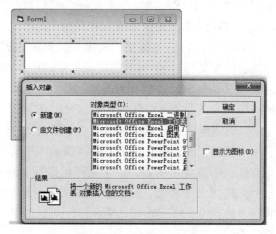

图 9-5 例 9-5 的运行界面

另外，在此状态，也可修改 OLE 对象中的数据，方法为：

（1）在 OLE 对象数据区单击鼠标右键，弹出快捷菜单。

（2）选择"编辑"命令，出现 Excel 的编辑环境。

（3）修改完毕后，单击 OLE 对象数据区以外的区域，返回到创建嵌入对象的窗体。

嵌入对象中的数据被用户修改后不会自动存储。当含有 OLE 控件的窗体被关闭时，与该控件相关的数据的任何变化都将丢失。如果希望对数据所进行的修改在下次运行时能够显示出来，需要将更改的数据从对象保存至文件中（使用 OLE 控件的 Save To File 方法）。数据被保存在文件后，可以在需要的时候打开文件并恢复对象（使用 OLE 控件的 Read From File 方法）。

在使用 OLE 容器控件插入对象时要注意：

（1）创建链接时，链接对象数据被存储在 OLE 容器控件之外；创建嵌入对象时，嵌入对象数据和 VB 应用程序一起被保存在 OLE 控件之内。

（2）在任何时候，一个 OLE 容器控件内只能有一个对象。

（3）既可在设计阶段插入对象（创建链接对象或嵌入对象）；也可在程序运行阶段通过代码来创建链接对象或嵌入对象。

（4）通过 OLE 控件的 Display Type 属性可控制 OLE 对象在 OLE 容器控件中的显示方式：

Display Type：0 → 以"数据映像"方式显示。

Display Type：1 → 以"图标"方式显示。

一旦建立好一个 OLE 对象，其对应的 OLE 对象显示方式将无法改变。

（5）在 OLE 容器控件中放置对象之前提供该对象的应用程序必须已经在 Windows 中注册其对象。

9.4.2　嵌入对象和链接对象的区别

在 Windows 环境下，OLE 控制的对象包括两种：**嵌入对象**和**链接对象**，两者的不同之处在于插入到 OLE 控件的对象（数据）存放的位置。

嵌入对象：当嵌入一个对象时，与该嵌入对象相关联的数据存储在 OLE 自定义控制项中，并可以存入文件、剪切或拷贝至剪贴板，还可以被编辑（通过容器应用程序）。嵌入对象的数据是完全存放在嵌入的应用程序中，在该应用程序中能完全控制数据，而其他软件是不能访问嵌入对象和它的数据的，嵌入对象只能由被嵌入应用程序独占。

链接对象：当链接一个对象时，与这个链接的对象相关联的数据存储在创建该对象的应用程序中。只有该数据的预留位置是存放在 OLE 自定义控制项中，数据本身并不存放在 OLE 自定义控制项中。链接对象则只是把对象中包含的数据的指针（地址）插入到应用程序中去，在该应用程序中可以访问链接对象的数据，但其他软件也可以访问到该对象的数据。数据作为一个独立的文件存在磁盘上，当创建链接对象时，即将对象和该文件建立了链接，修改数据后该文件的数据也就进行了相应修改。该文件并不是由被链接的应用程序所独占，其他任何软件也可以任意访问、修改该文件。需要说明的是，一个文件可跟几个对象建立链接。也就是说，可能有几个对象同时跟一个文件建立了链接。这几个对象因此带有互连性，一个对象的变化，将会引起其他几个对象的同步性改变，修改数据只需在产生对象的某一个软件中进行，这正是编程人员在很多情况下所希望的。

9.4.3　设计阶段使用 OLE 容器控件

在 9.1 节中我们借助"插入对象对话框"，在应用程序中没有编写任何代码就为 OLE 控件创建了一个嵌入对象，如果要创建链接对象的话，则只需在图 9-5 中选择"由文件创建"，并指定链接的文档即可（选中"链接"复选框），如图 9-6 所示。

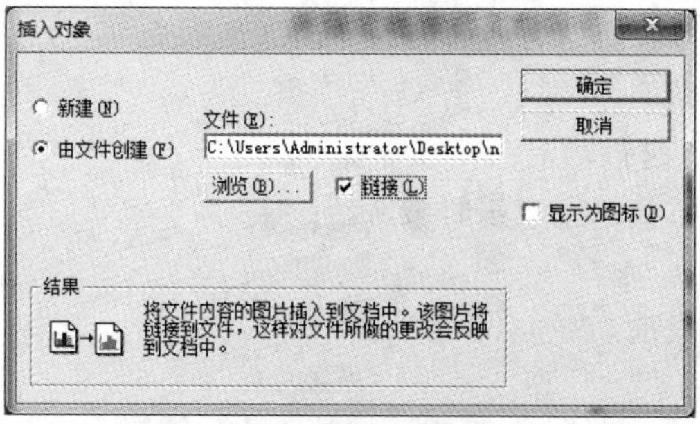

图 9-6 创建链接对象的对话框

此时，OLE 控件本身则保存与对象链接有关的信息。如：提供链接对象的应用程序名、链接文件名，以及该链接对象的"数据影像"等，其对应的 OLE 控件属性分别是：对象类型（Class）、引用源文件（Source Doc）、链接数据（Source Item）。

注意：设计链接对象时，OLE 会保留一份影像，起初这份影像和数据文件是相同的，但是因为文件有可能被修改，可链接对象保存的仍然是原始数据的影像，为了使其具备自动更新的能力，只要在 Form_Load 事件过程加入如下代码：

```
Private sub Form_Load( )
OLE1.Action=6    '此语句用 OLE1.Update 方法也可以
End sub
```

设计时创建对象的另一方法是使用"特殊粘贴"对话框，应用该方法可以只利用文件的一部分数据（如只使用 Excel 数据表的一部分数据）。其主要步骤为：

（1）运行一个包含链接或嵌入数据对象的应用程序（如 Excel 应用程序）。

（2）打开一个文件，选择要链接或嵌入的数据。

（3）选择"编辑"菜单/"复制"命令，复制"数据"到剪贴板上。

（4）在 VB 的一个包含 OLE 控件的工程中，右击 OLE 控件，选择"特殊粘贴"命令，弹出"选择性粘贴"对话框。

（5）若想建立嵌入对象，选择"粘贴"选项；若想建立链接对象，选择"粘贴链接"选项；若 OLE 控件中已有一个对象，则会询问是否删除现有对象。

（6）做出回答后，即在 OLE 控件上建立了一个新的对象。

【例 9-6】利用 OLE 发出声音

（1）在窗体上添加 OLE 控件时弹出"插入对象"对话框，在"对象类型"列表框中选择"声音文件"；选择"从文件创建"；单击"浏览"按钮，选择音乐文件；选中"链接"，显示为图标。

（2）单击"确定"按钮。

运行程序，双击 OLE 对象，将播放一段音乐。

9.4.4 程序运行阶段使用 OLE 容器控件

当然，我们也可以**编程**来创建嵌入或链接对象。通过 OLE 控件的 44 个属性、5 个方法和 14 个事件过程，可以实现对 OLE 对象的**自定义控制**。

1. OLE 控件的属性

OLE 容器控件的常用属性如下所述。

（1）AutoActivate：设置激活方式：

0-Mannuao：手工激活；

1-GetFocus：获得焦点时被激活；

2-DoubleClick：为缺省值，指双击时被激活；

3-Automatic：自动的。

（2）Class 属性（类属性）

格式为：object.class

类名包含几个部分：application.objecttype.version

类名：说明对象类型；

Application：提供对象的应用程序名；

Objecttype：在对象库中定义的对象名；

Version：提供对象的应用程序的版本号。

例如：Excel.Sheet.8。

（3）DisplayType：指出 OLE 对象是显示对象内容还是只显示图标。

（4）HostName：Visual Basic 应用名。

（5）OLEType Allowed 属性：返回或设置 OLE 容器控件所能包含的对象类型。

语法为：object.OLETypeAllowed [=value]

其中 value 的值设置如表 9-2 所列。

表 9-2　OLETypeAllowed 的取值

常数	值	描述
VbOLELinked	0	链接的，OLE 容器只能包含链接对象
VbOLEEmbeded	1	嵌入的，OLE 容器只能包含内嵌对象
VbOLEEither	2	二者均可（缺省值）

（6）SizeMode：OLE 对象如何改变大小：

0-对象按实际大小显示，如果对象超出控件则被截断；

1-对象所包含的图像适合控件的大小；

2-控件适合对象的大小。

（7）SourceDoc 属性指定链接或嵌入对象时使用的源文件名。

语法为：object.SourceDoc [=name]

name：指定文件名的字符串表达式。

（8）Action 属性：指定作用在 OLE 控件上的动作（如建立、删除、启动等），取值如表 9-3 所列。

语法为：object.Action=value

（9）SourceItem 属性（只对链接有效），在创建链接对象时，设置或返回要链接的文件内的数据。

语法为：object.SourceItem [=string]

string：一个指定被链接数据的字符串表达式。

例如：A1:E1 或 A3C4:A9D10。

注意：当使用 Action 属性创建链接对象时，用 SourceDoc 属性指定要链接的文件，使用 SourceItem 属性指定在要链接文件内的数据。

表 9-3　Action 属性的取值

取值	描述	方法
0	创建嵌入对象	CreateEmbed
1	创建链接对象	CreateLink
4	将对象复制到系统剪贴板	Copy
5	将对象从系统剪贴板复制到 OLE 容器控件	Paste
6	从提供对象的应用程序检索当前数据，并在 OLE 容器控件中将该数据作为图片显示	Update
7	打开一个对象，用于进行诸如编辑那样的操作	DoVerb
9	关闭对象，并与提供该对象的应用程序终止连接	Close
10	将指定的对象删除，释放与之关联的内存	Delete
11	将对象保存到数据文件中	SaveToFile
12	加载保存到数据文件中的对象	ReadFromFile
14	显示"特殊粘贴"对话框	PasteSpecialDlg
17	更新对象支持的谓词列表	FetchVerbs
18	将对象以 OLE Version 1.0 版本的文件格式保存	SaveToOle1File

（10）UpdateOptions 属性

在运行时设置当链接数据修改后是否更新链接对象。

语法为：Object.UpdateOptions [=number]

其中 Number 的设置值为：

0-自动的（缺省值），每次改变链接数据时均更新对象；

1-冻结的；

2-手动的，只有使用 Update 方法才更新对象。

2．OLE 控件的方法

（1）CreateEmbed 方法

该方法用来创建一个嵌入对象。语法为：object.CreateEmbed sourcedoc[,class]

sourcedoc：必选项，对象从该文件中创建。

class：可选项，是嵌入对象的类的名称。如果已经为 sourcedoc 指定了文件名，该参数忽略。

（2）DoVerb 方法

打开一个对象（例如编辑一个对象）。

Object.DoVerb[verb]

verb：可选项，在 OLE 容器控件内要执行的对象的谓词。

（3）InsertObjDlg 方法

显示插入对象对话框，其语法格式为：object.InsertObjDlg。

（4）PasteSpecialDlg 方法

显示"特殊粘贴"对话框。语法为：object.PasteSpecialDlg。

3．OLE 控件的事件

（1）Updated 事件

当一个已创建对象的数据发生改变（修改）时，会引发 Updated 事件。

（2）ObjectMove 事件

当移动和 OLE 控件有关的对象以及调整其大小时，会触发 ObjectMove 事件。

【例 9-7】设计一个程序，在一个 OLE 控件中嵌入 Word 文档，在另一个 OLE 控件中链接 Word 文档。

说明：

（1）DisplayType 属性：指定显示方式。

（2）Class 属性：嵌入或链接到 OLE 控件中的对象类名。

（3）SourceDoc 属性：指定要链接的文件名（包括路径）。

（4）Action 属性：设置一个值，它的作用是通知系统进行何种操作。

编写程序代码如下：

```
'创建嵌入对象
Private Sub Command1_Click()
    OLE1.Class = "Word.Document.8"
    OLE1.SourceDoc = "C:\ aa.docx"
    OLE1.DisplayType = 0
    OLE1.Action = 0
End Sub
'创建链接对象
Private Sub Command2_Click()
    OLE2.Class = "Word.Document.8"
    OLE2.SourceDoc = "C:\ aa.docx"
    OLE2.DisplayType = 0
    OLE2.Action = 1
End Sub
```

程序运行结果如图 9-7 所示。

图 9-7　例 9-7 的运行结果图

虽然 OLE 控件可以用来嵌入或链接 Word、Excel 等对象，但利用后面章节介绍的 VBA 的方法操作是比较科学也比较有效率的。

9.5　程序举例

【例 9-8】设计一个简单的绘图程序，利用鼠标的 MouseDown、MouseUp 和 MouseMove 事件可轻松地完成一个绘图程序。程序界面如图 9-8 所示。

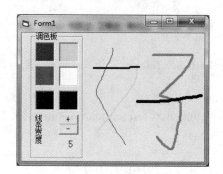

图 9-8　绘图程序

分析：首先新建工程和 Form1 窗体，在窗体上分别拖放框架 Frame1，6 个图片框，分别设置六种颜色框，和 "+" "-" 两个按钮用来改变笔的粗细，Lable1 标签显示 "线条宽度"，Lable2 标签显示线条宽度的值。

编写程序代码如下：

```
Dim mblnDraw As Boolean
Private Sub picBlack_Click()
    Me.ForeColor = RGB(0, 0, 0)
End Sub
Private Sub picWhite_Click()
    Me.ForeColor = RGB(255, 255, 255)
End Sub
Private Sub picYellow_Click()
    Me.ForeColor = RGB(255, 255, 0)
End Sub
Private Sub picRed_Click()
    Me.ForeColor = RGB(255, 0, 0)
End Sub
Private Sub picGreen_Click()
    Me.ForeColor = RGB(0, 255, 0)
End Sub
Private Sub PicBlue_Click()
    Me.ForeColor = RGB(0, 0, 255)
End Sub
'绘笔粗细的设置
Private Sub cmdDec_Click()
    If Me.DrawWidth > 1 Then DrawWidth = DrawWidth - 1
    lblShow.Caption = Str(DrawWidth)
End Sub
```

```
Private Sub cmdInc_Click()
    If DrawWidth < 10 Then DrawWidth = DrawWidth + 1
    lblShow.Caption = Str(DrawWidth)
End Sub
```

编写 MouseUp 和 MouseMove 事件来完成：

```
Private Sub Form_MouseDown(Button As Integer, Shift As Integer, X As Single, Y As Single)
    mblnDraw = True
    CurrentX = X
    CurrentY = Y
End Sub
Private Sub Form_MouseUp(Button As Integer, Shift As Integer, X As Single, Y As Single)
    mblnDraw = False
End Sub
Private Sub Form_MouseMove(Button As Integer, Shift As Integer, X As Single, Y As Single)
    If mblnDraw Then Line -(X, Y)
End Sub
```

【例 9-9】测试功能键与控制键。程序如图 9-9 所示。

图 9-9　例 9-9 的运行结果界面

分析：图 9-9 为运行程序后，按下 Shift 和 F1 键后的运行结果界面，其中 Text2 显示按键接受的 KeyCode 参数，Lable3 的 Visible 设为 False，图形方式的复选框 Check1、Check2、Check3 分别表示 Shift、Ctrl、Alt 键。

编写程序代码如下：

```
'清除按键记录
Private Sub Command1_Click()
    Text1.Text = ""
    Text2.Text = ""
    Check1.Value = 0
    Check2.Value = 0
    Check3.Value = 0
    Text1.SetFocus
End Sub
Private Sub Text1_KeyDown(KeyCode As Integer, Shift As Integer)
    Text2.Text = Text2.Text & Str(KeyCode) & ","
    '检测 F1 到 F12 的功能键
    If KeyCode > 111 And KeyCode < 124 Then
```

```
        Label3(1).Caption = "你刚才按下了功能键: " & "F" & Str(KeyCode - 111)
            Label3(1).Visible = True
        Else
            Label3(1).Visible = False
        End If
        '检测 Shift、Ctrl、Alt 控制键
        Check1.Value = IIf(Shift And vbShiftMask, 1, 0)
        Check2.Value = IIf(Shift And vbCtrlMask, 1, 0)
        Check3.Value = IIf(Shift And vbAltMask, 1, 0)
End Sub
```

注意，本例中 KeyCode 和 Shift 参数的使用，KeyCode 参数通过 ASCII 值或键代码常数来识别键。图形方式的复选框，即将复选框的 Style 属性设置为 1。

虽然，KeyDown 和 KeyUp 事件可应用于大多数键，但是它们最常用的还是处理定位键、功能键、编辑键以及这些键和键盘换挡键（Shift）的组合等不被 KeyPress 事件识别的击键。

习题九

一、选择题

1. 用户单击鼠标左键，触发下列哪项事件（　　）。

    A）Click　　　　　　B）DblClick　　　　　C）MouseMove　　　　D）MouseDown

2. 在窗体 MouseUp 事件中有下列程序代码：

    Select Case Button
    case 1
    Print"ok!"
    case 2
    Print"Hello!"
    case 3
    Print"Welcome!"
    End Select

    运行此程序，当单击鼠标右键时，窗体显示（　　）。

    A）Ok!　　　　　　　B）Hello!　　　　　　C）Welcome!　　　　　D）全都显示

3. 在鼠标和键盘事件中，同时按 Shift 和 Alt 键时，Shift 的值是（　　）。

    A）2　　　　　　　　B）4　　　　　　　　C）5　　　　　　　　D）6

4. 下列哪一个键，KerPress 事件无法检测出（　　）。

    A）A　　　　　　　　B）Enter　　　　　　C）PageUp　　　　　　D）BackSpace

5. 下列说法正确的一项是（　　）。

    A）KeyAscii 和 KeyCode 参数均不区分大键盘上和数字键盘上的相同数字键

    B）KcyAscii 和 KeyCode 参数均区分大键盘上和数字键盘上的相同数字键

    C）KeyAscii 区分大键盘上和数字键盘上的相同数字键，而 KeyCode 不区分

    D）KeyCode 区分大键盘上和数字键盘上的相同数字键，而 KeyAscii 不区分

6. 在程序代码中将命令按钮 Command1 的属性设置成手动拖放模式，代码是（　　）。

A）Command1.DragMode＝1   B）Command1.DragMode＝true

C）Command1.DragIcon＝0   D）Command1.DragMode＝0

7. 在 DragDrop 事件的过程中，提供了几个参数（   ）。

A）2   B）3   C）4   D）5

8. Commnd1.Drag 2 的含义是（   ）。

A）取消命令按钮拖放但不发出 DragDrop 事件

B）结束命令按钮拖放同时发出 DragDrop 事件

C）允许拖放命令按钮

D）以上说法都不对

9. 在文本框 Text1 的 KeyPress 事件中有如下代码：

Private Sub Text1 KeyPress(KeyAscii As Integer)

If KeyAscii＞＝48 AND KeyAscii＜＝57 then

KeyAscii＝0

MsgBox"请输入数字"

End if

End Sub

若在文本框内键入 ab12 时，当键入哪一个字符后，会出现消息框（   ）。

A）输完字母 a   B）输完字母 b   C）输完数字 1   D）全部输入后

10. 在 DragDrop 事件中，下列哪一项控件不能被拖动（   ）。

A）Text   B）Label   C）Command   D）Shape

11. 关于嵌入对象与链接对象的区别，下列叙述不正确的是（   ）。

A）插入到 OLE 控件的对象（数据）所存放的位置

B）嵌入到 OLE 控件中的数据不会丢失，但它占用较多的空间

C）链接到 OLE 控件中的数据占用较少的空间，但是数据源容易受外界的影响而丢失

D）以上说法都不对

二、填空题

1. 移动鼠标，连续触发_____事件，按下鼠标，则触发_____事件。

2. 单击鼠标左键，在相应事件中 Button 变量的取值是_____。

3. 在 MouseDown 事件中，参数 X，Y 的含义是_____，当 Shift 变量值取 2 时，表明是按_____键产生的。

4. 在鼠标事件中，参数 Button 的右三位描述_____状态，参数 Shift 的右三位描述_____状态。

5. KeyPress 事件中，能够识别的控制键是_____。

6. 在 KeyDown 和 KeyUp 事件中，KeyAscii 参数的含义是_____。

7. 允许改变控件位置的方法是_____，将控件移动到鼠标指定位置上的方法是_____，指定拖动控件显示的图标的属性是_____。

8. OLE 控件中 OLE（Object Linking and Embedding）的含义是_____。

三、编程题

1. 编写程序，在窗体上画线，如图 9-10 所示。要求：按住 Ctrl 键在鼠标左键按下时 Y 坐标点和鼠标放开时 Y 坐标点之间画线（画线命令 Line(x1,y1)-(X2,y2)）。该程序在上述功能基础上还应用了 MouseMove 事件。

注意该事件过程的格式。

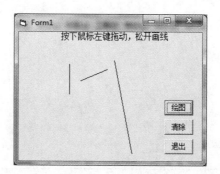

图 9-10 运行结果

2. 编写如图 9-11 所示的能显示按键及其 ASCII 码的程序。其中，在 Text2 中显示按键的 ASCII 码，Text3 显示按键（提示：复选框"回显"的 Click 事件代码为 Text1.SetFocus）。

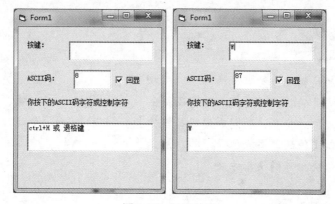

图 9-11 运行结果

3. 在 VB 窗体上添加一个 OLE 控件，并在这个 OLE 控件中嵌入一个事先建立好的 Word 文档。

10

文件

学习目标：
- 了解文件的结构及分类
- 掌握顺序文件的打开、关闭和读写等操作
- 掌握随机文件的打开、关闭和读写等操作
- 了解二进制文件的读写操作
- 熟悉文件系统控件的使用方法

10.1　文件的结构和分类

10.1.1　文件的结构

文件是存储在外部介质上的数据或信息的集合。为了有效地对数据进行读写，数据必须以某种特定的格式存储，这种特定的格式称为**文件结构**。

VB 文件由记录组成，记录由字段组成，字段由字符组成。

字符（Character）：是构成文件的最基本单位。凡是单一字节、数字、标点符号或其他特殊符号都可以表示为一个字符。

字段（Field）：也称域。域是文件中的一个重要概念，一般是由若干个字符所组成的一项独立的数据。每个域都有一个域名，每个域中具体的数据称为该域的域值。

记录（Record）：是由一组域组成的一个逻辑单位，一个记录中的各个域之间应该相互有关系，每个记录有一个记录名，用来表示一个唯一的记录结构，记录是计算机进行信息处理的基本单位。

文件（File）：由具有同一记录结构的所有记录组成的集合，例如某班级全体学生的集合。每个文件都应该有一个文件名，文件名一般由主文件名和扩展名组成。

10.1.2 文件的分类

根据考虑角度的不同文件可以有不同的分类方式。根据存储数据的性质分类，可分为程序文件、数据文件。程序文件是程序代码编制过程中生成的文件，包括源文件和可执行文件等；数据文件一般是数据运行过程中所需要用到的输入数据的文件或用于保存运算处理结果的文件。

Visual Basic 根据计算机访问文件的方式将文件分成三类：顺序文件、随机文件和二进制文件。

（1）顺序文件

顺序文件是一种普通的文本文件，一条记录就是一个数据块。文件中的记录按顺序一个接一个排列。顺序文件中提供第一个记录的存储位置，其他记录的位置无法获悉。所以要在顺序文件中找一个记录，必须从第一条记录开始读取，直到找到该记录为止。顺序文件的缺点是：如果要修改数据，必须将所有数据读入 RAM 中进行数据修改，然后再将修改好的数据重新写入磁盘。由于无法灵活地随意存取，它只适用于有规律的、不经常修改的数据，如文本文件。优点是所占空间较少，而且容易使用。

（2）随机文件

随机文件是可以按任意次序读写的文件，每个记录的长度必须相同。在这种文件结构中，每个记录都有唯一的一个记录号，所以在存入数据时，只要知道记录号，便可以直接读取记录。随机文件的优点是存取数据快，容易更新；缺点是所占空间较大，设计程序繁琐。

（3）二进制文件

二进制文件是字节的集合，它允许程序按所需的任何方式组织和访问数据，这类文件的灵活性最大，但程序的工作量也最大。

10.2 文件的操作语句和函数

虽然顺序访问和随机访问文件方式侧重的文件数据类型不尽相同，但它们访问文件的基本步骤是相同的，都是以下三个操作步骤：

（1）打开（或新建）文件。一个文件必须先打开或新建后才能使用。如果一个文件已经存在，则可打开该文件；如果不存在，则要建立该文件。

（2）进行读/写操作。打开（或新建）文件后，就可以进行相应的读出/写入操作：例如从数据文件中读出数据到内存，或者把内存中的数据写入到数据文件中。为了记住当前读写的位置，文件内部设置有指针，当存取文件中的数据时，该文件指针随之移动。

（3）关闭文件。

10.2.1 文件的打开

打开文件使用 Open 语句，一般语法格式为：

Open "路径文件名" [For 访问模式] As [#] 文件号 [Len=记录长度字节数]

说明：

（1）路径文件名：必填参数，由字符串表达式组成。它一般包含路径信息（盘符、文件夹名及分隔符\）和文件名；如果该文件和程序文件在同一文件夹内，则可以省略路径只写文件名。

（2）访问模式：可选参数，指定文件访问方式。访问模式为 Random 或[For 访问模式]省略时，打开随机文件。如果要打开顺序文件，有 Append、Input、Output 三种模式。

Append：新建或打开一个文件进行写操作。文件若存在则打开，写入的数据添加在原有数据末尾，文件若不存在则需新建。

Input：打开一个文件进行读操作。如果文件不存在则出错。

Output：新建或打开一个文件进行写操作。文件存在则打开，原来的数据将被新写入的数据替换；文件若不存在则需新建。

（3）文件号：必填参数，对文件进行操作需要一个内存缓冲区（或称文件缓冲区），缓冲区有多个，文件号用来指定该文件使用的是哪一个缓冲区。在文件打开期间，使用文件号即可访问相应的内存缓冲区，以便对文件进行读/写操作。文件号是 1 ~ 511 范围内的整数。

（4）记录长度字节数：可选参数，是一个小于或等于 32767 字节的数。对于随机文件，该值即记录长度；对于顺序文件，该值是缓冲字节数，指定进行数据交换时数据缓冲区的大小。

例如：

```
Open  "C:\Temp\Myfile.txt"  For Input As #1
'打开 C 盘 Temp 文件夹中的 Myfile.txt 顺序文件进行读操作
Open  "subject.dat"  For Random As #1 Len=Reclength
'打开当前目录下的名为 subject.dat 的随机文件，Reclength 是记录长度
```

10.2.2　文件的读写相关函数

Visual Basic 中对不同类型文件的读写有不同的语句和函数，后续将分别对顺序文件和随机文件的读写进行详细介绍。但在不同类型文件操作过程中，有一些可能用到的相关函数。

（1）EOF(#文件号)：用于判断当前文件指针是否到达文件尾。若到达，函数值为 True，否则为 False。

（2）FreeFile [(范围参数)]：返回一个整数，代表下一个可供 Open 语句使用的文件号（即未被其他文件占用的文件号）。范围参数可选，指定一个范围，以便返回该范围内的下一个可用文件号。指定 0（默认值）则返回一个介于 1~255 之间的文件号；指定 1 则返回一个介于 256~511 之间的文件号。

（3）LOF(#文件号)：返回用 Open 语句打开的文件的字节数（文件长度），若是空文件则函数值为 0。对于尚未打开的文件，可使用 FreeLen(文件名)函数计算其长度。

10.2.3　文件的关闭

打开的文件使用结束后必须关闭。这是由于数据写入文件是先写入文件的缓冲区中，当缓冲区满了才将数据写入文件，而关闭文件操作可以将缓冲区中的内容全部写入文件。所以文件使用完如果不及时关闭，可能发生文件数据丢失的情况，因此在不需对文件再进行其他操作的时候应将文件及时关闭。关闭文件的语句格式为：

```
Close [文件号列表]
```

文件号列表：代表一个或多个文件号。若省略，表示关闭 Open 语句打开的所有文件。

例如：

```
Close   1        '关闭文件号为 1 的文件
Close   1,2      '关闭当前已打开的文件号为 1 和文件号为 2 的文件
Close            '关闭所有打开的文件
```

注意：文件一旦被关闭，文件与其文件号之间的关联将终结，该文件号就可分配给其他文件使用。

10.3　三种文件的读写操作

10.3.1　顺序文件

1. 顺序文件的读出操作

顺序文件的读出操作，是指从顺序文件中读取数据送到计算机中。要进行读出操作，先要用 Input 模式打开文件，然后采用 Input 或 Line Input 语句从文件中读出数据。通常，Input 用来读出由 Write 写入的记录内容，Line Input 用来读出由 Print 写入的记录内容。

Visual Basic 提供的读取文件的方式有以下三种：

（1）Input 语句

语法格式为：Input #文件号，变量列表

功能：从已经打开的顺序文件中读出数据并将数据赋给变量，其中变量列表以逗号分隔。

注意：

- 文件中数据项目的顺序必须与变量列表中变量的顺序相同，数据类型必须和变量列表中变量的数据类型匹配。

- 这些变量不可是一个数组或对象变量。

- 在使用 Input # 语句之前，应使用 Write # 语句而不是 Print # 语句将数据写入文件，因为 Write # 语句可以确保将各个单独的数据域正确分隔开。

例如：

```
Dim c1,c2
Open "myfile" For Input As #1        '打开输入文件
Input   #1,c1,c2                     '读入两个变量
Debug. Print   c1,c2                 '在当前窗口中显示数据
Close   #1                           '关闭文件
```

（2）Input 函数

语法格式为：Input（读取的字符数，#文件号）

功能：从文件中读取指定字符数的字符，包括逗号、回车符、空白符、换行符、引号和前导空格等。

例如：

```
Dim c
Open "myfile" For Input As #1          '打开文件
c = Input(1,#1)                        '读入一个字符并将其赋予变量 c
Close  #1                              '关闭文件
```

（3）Line Input 语句

语法格式为：Line Input #文件号，字符型变量

功能：从已经打开的顺序文件中读出一行字符，直到遇到回车符或回车换行符为止。回车、换行符将被跳过，而不会被附加到字符串上。例如：

```
Dim Line1 As string
Open "myfile" For Input As #1          '打开文件
Do While Not EOF(1)
    Line Input   #1,Line1              '读入一行数据并将其赋予变量 Line1
    Debug. Print   Line1               '在立即窗口中显示数据
Loop
Close   #1                             '关闭文件
```

【例 10-1】Print 语句与 Line Input 语句配合使用示例。

程序代码如下：

```
Private Sub Form_Load( )
    Dim a As Integer,b As String,x As string
    Show
    Open "Mytxt. txt" For Output As #1
    a=2345： b="DEFG"
    Print #1，a,b
    Print #1，a;b
    Close #1
    Open "Mytxt. txt" For Input As #1
    Line Input #1,x
    Print x
    Line Input #1,x
    Print x
    Close #1
End Sub
```

运行结果如图 10-1 所示。

图 10-1   例 10-1 的运行结果

2. 顺序文件的写入操作

要把数据写入顺序文件，应以 Output 或 Append 模式打开文件，然后使用 Write # 语句或 Print # 语句将数据写入文件。

（1）Print 语句

语法格式为：Print # 文件号[，表达式表]

　　功能：将格式化显示的数据写入顺序文件中。其中表达式表为可选参数，如果有一个以上的表达式，可以用逗号或分号分隔；如果无表达式表同时在文件号后加上逗号，表示向文件中写入一空白行。

　　例如：

```
Open    "printdatafile"   For Output As #1      '打开要写入数据的文件
Print   #1,                                      '写入空白行
Print   #1, "Print 语句"                         '写入文本"Print 语句"
```

　　（2）Write 语句

　　语法格式为：Write # 文件号[，表达式表]

　　Write 语句的作用类似 Print 语句，其与 Print 语句的主要区别在于：当要将数据写入文件时，Write # 语句采用紧凑格式以逗号分隔数据项目，以双引号标记字符串；Write # 语句在将数据写入文件后会自动插入回车换行符；此外通常用 Input # 语句从文件读出 Write # 语句写入的数据。

　　注意：多个表达式之间可用格白、分号和逗号隔开，空格和分号等效。

　　例如：

```
Open    "writedatafile"   For Output As #1      '打开要写入数据的文件
Write   #1,"Write 语句",89                       '写入以逗号隔开的数据
Write   #1,                                      '写入空白行
```

　　【例 10-2】将 1～100 范围内的所有整数，以及这些数中能被 11 整除的数分别存入 Num1 和 Num2 文件中，且上述两文件均存放在当前文件夹下。

　　程序代码如下：

```
Private Sub Form_Load( )
    Open "Num1. txt" For Output As #1
    Open "Num2. txt" For Output As #2
    For i=1 To 100
        Write #1,i
        If i Mod 11=0 Then Write #2,i
    Next i
    Close #1,#2
    Unload Me
End Sub
```

　　程序运行后，Num1. txt 文件中共写入 100 条记录，而 Num2. txt 文件中则写入了能被 11 整除的 9 条记录。

　　【例 10-3】在例 10-2 所生成的 Num2. txt 文件中，现需要再加入 101～200 范围内能被 11 整除的数。

　　程序代码如下：

```
Private Sub Form_Load( )
    Open "Num2. txt" For Append As #1
    For i=101 To 200
        If i Mod 11=0 Then Write #1,i
    Next i
    Close #1
    Unload Me
End Sub
```

10.3.2　随机文件

随机文件由相同结构、相同长度的记录组成，每条记录可包含一个或多个字段。对随机文件的存取以记录为单位进行，每个记录都有一个记录号，依照记录号可以方便地访问文件。进行随机文件的存取操作，大致包括以下内容：

（1）用 Type…End Type 语句定义记录类型。

（2）指定 Random 类型打开文件，记录定长，打开文件后存或取任一条记录。

（3）分别通过 Get 和 Put 语句，按指定记录号来读（或存）一条记录。这两个语句格式如下：

```
Get [#]文件号[, 记录号], 变量
Put [#]文件号[, 记录号], 变量
```

在 Get 或 Put 语句中省略记录号时，采用的是默认记录号，其编号为上一次使用的记录号加 1。

【例 10-4】建立一个随机文件，文件中包含 10 条记录，每条记录由一个整数（1~10）的平方、立方和平方根 3 个数值组成，以该数作为记录号。存入全部记录后，再读出其中第 3、6、9 共三条记录。

程序代码如下：

```
Private Type Numval                    '定义记录类型为 Numval
    squre As Integer                   '本记录由 squre，cube，sqroot 三个字段组成
    cube As Long
    sqroot As Single
End Type
Dim nv As Numval                       '定义一个 Numval 类型的变量 nv
Private Sub Form_Load( )
    Open "Data1.dat" For Random As #1 Len=Len(nv)
    For i=1 To 10                      '写入 10 条记录
        nv.squre=i*i
        nv.cube=i*i*i
        nv.sqroot=Sqr(i)
        Put #1,i,nv                    '写入记录，记录号为 i
    Next i
    Show
    For i=3 To 10 Step 3
        Get #1,I,nv                    '读出其中的第 3、6、9 条记录
        Print "第";i;"号记录",nv.squre,nv.cube,nv.sqroot
    Next i
    Close #1
End Sub
```

运行结果：

第 3 条记录	9	27	1.732051
第 6 条记录	36	216	2.44949
第 9 条记录	81	729	3.00000

上述程序代码中，用 Type…End Type 语句定义记录类型 Numval，该类型包含与文件中的

记录相一致的字段。再定义一个记录类型变量（nv），该变量中包含该类型的多个字段，以后可通过 nv. squre，nv. cube，nv. sqroot 来引用。

10.3.3　二进制文件

二进制文件的存取方式与随机文件类似，读/写语句也是 Get 和 Put，区别在于二进制文件的存取单位是字节，而随机文件的存取单位是记录。与随机文件相同，二进制文件一旦打开就可同时进行读写操作。

【**例 10-5**】把两个字符串写入二进制文件"biny.dat"，从位置 50 起写入第一个字符串"Visual Basic"，从位置 100 起写入第二个字符串"程序设计教程"。

程序代码如下：

```
Private Sub Form_Load( )
    Dim txt1 As String,txt2 As String,
    Open "biny. dat" For Binary As #1
    txt1="Visual Basic"
    txt2="程序设计教程"
    Put #1,50,txt1
    Put #1,100,txt2
    Close #1
End Sub
```

进行二进制文件存取时，从文件中读取数据或向文件中写入数据的长度取决于 Get #和 Put #语句中变量的长度。例如，如果变量为单精度型，Get #把读取的 4 字节数值赋给变量；如果变量为整型，Get #就读取 2 字节的数值赋给变量。

10.4　文件的基本操作

（1）新建文件夹语句（MkDir）

语法格式：MkDir [路径]文件夹名

功能：新建一个文件夹。

示例：

```
MkDir "D:\VB\Temp"          '在 D 盘 VB 文件夹下新建 Temp 子文件夹
```

（2）改变当前驱动器

语法格式：ChDrive 驱动器号

功能：将指定的驱动器设置为当前驱动器。

示例：

```
ChDrive D:                  '将 D 盘设置为当前驱动器
```

（3）改变当前文件夹语句（ChDir）

语法格式：ChDir 路径

功能：改变当前文件夹。

示例：

```
ChDir "D:\VB\Dat"           '将 D 盘 VB 文件夹下的子文件夹 Dat 设置为当前文件夹
```

（4）删除文件夹语句（RmDir）

语法格式：RmDir [路径]文件夹名

功能：删除指定的空文件夹。

示例：

RmDir "D:\VB\Temp"　　　　　　　'删除 D 盘 VB 文件夹下的空子文件夹 Temp

（5）删除文件语句（Kill）

语法格式：Kill [路径]文件名

功能：删除指定的文件。文件名中可使用多字符（*）和单字符（?）通配符来表示删除多个文件。

示例：

Kill "C:\myfile.txt"　　　　　　　'删除 C 盘根目录下的 myfile.txt 文件

Kill "D:\datafile*.txt"　　　　　　'将 D 盘 datafile 目录下所有扩展名为 txt 的文件全部删除

（6）复制文件语句（FileCopy）

语法格式：FileCopy [路径 1]源文件 [,[路径 2]目标文件]

功能：把指定的源文件复制到目标位置。

示例：

FileCopy "C:\srcfile.txt","D:\objfile.txt"

'将 C 盘根目录下的 srcfile.txt 文件复制到 D 盘根目录下的 objfile.txt 文件

（7）文件的改名与移动

语法格式：Name 原文件（夹）名 As 新文件（夹）名

功能：更改文件（夹）的名称。

示例：

Name "C:\oldfile.txt" As "C:\newfile.txt"

'将 C 盘根目录下的 oldfile.txt 文件更名为 newfile.txt

Name "C:\oldfile.txt" As "C:\Temp\newfile.txt"

'将 C 盘根目录下的 oldfile.txt 文件移动至 C 盘 Temp 文件夹中，并更改文件名为 newfile.txt

说明：Name 语句不能跨越驱动器来移动文件，不能对已经打开的文件重命名。

（8）文件查找函数 Dir

函数格式：Dir（文件名）

　　　　或 Dir

功能：在指定的文件夹中查找所有文件或某类文件。

其中待查找的文件名可以含有路径及通配符"*""? "等。Dir（文件名）用于首次查找，以后每次查找可以只使用 Dir 而不带参数。Dir 函数的返回值代表每次查找到的文件名，若返回值为空，则表示没有找到。

示例：

Dir "C:*.txt"　　　　　　　　'查找 C 盘根目录下扩展名为 txt 的所有文件

（9）调用应用程序

调用各种应用程序可以通过 Shell 函数来实现。

语法格式：Shell（命令字符串[，窗口类型]）

其中，"命令字符串"是要执行的应用程序的文件名（包括路径），它必须是可执行文件，其扩展名为.COM、.EXE、.BAT 或.PIF。"窗口类型"用来指定应用程序窗口的大小，可选择 0~4 或 6 的整型数值。一般取 1，表示正常窗口状态；默认值为 2，表示窗口会以一个具有焦点的图标来显示。

示例：

x = Shell("C:\Windows\Explorer.exe"，1)

执行 C 盘 Windows 文件夹下的应用程序 Explorer.exe 并显示该程序窗口

10.5　文件系统控件

为方便用户使用文件系统，VB 工具箱中提供了三种文件系统控件：驱动器列表框控件（DriveListBox）、目录列表框控件（DirListBox）和文件列表框控件（FileListBox），如图 10-2 所示。这三种控件可以单独使用，也可以组合使用。

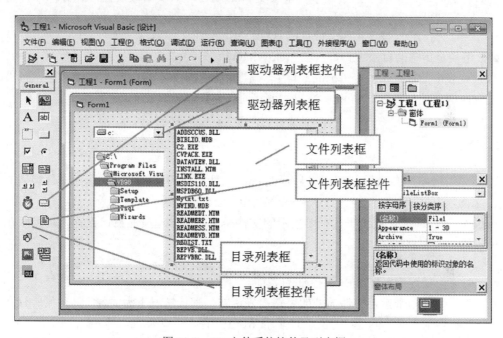

图 10-2　VB 文件系统控件及列表框

10.5.1　驱动器列表框

在进行文件操作时，需要选择磁盘驱动器，以便从可用驱动器中选择一个有效的磁盘驱动器，Visual Basic 提供的驱动器列表框是一个下拉列表框，该控件用来显示和选择用户系统中所有的磁盘驱动器。

驱动器列表框的基本属性是 Drive 属性，用于设置在列表框中显示当前的工作驱动器。该属性不能从属性窗口中静态设置，只能在程序中用代码进行设置，或者在程序运行时双击列表框中某个驱动器改变 Drive 属性。Drive 属性设置格式为：

＜对象＞．Drive [=＜驱动器名＞]

● 对象为指定的 DriveListBox 控件的名称。

● 驱动器名是指定的驱动器盘符字符串（如"D:"等）。

驱动器列表框的基本事件是 Change 事件。在程序运行时，当选择一个新的驱动器或通过代码改变驱动器列表框的 Drive 属性设置时，都会触发驱动器列表框的 Change 事件发生。如果选择不存在的驱动器，则会产生错误。

10.5.2　目录列表框

在窗体添加目录列表框控件，可以在程序运行时显示当前驱动器上的目录列表，该目录列表包括当前驱动器根目录及其子目录结构。

目录列表框的基本属性是 Path 属性，用于设置和返回列表框中显示的当前工作目录。与驱动器列表框的 Drive 属性一样，不能从属性窗口中静态设置，只能在程序中用代码进行设置，或者在程序运行时双击列表框中某个目录改变 Path 属性。Path 属性设置格式为：

　　＜对象＞．Path [=＜驱动器名＞]

- 对象为指定的 DirListBox 控件的名称。
- 路径是指定的目录字符串（如"C:\Windows"）。

目录列表框的基本事件是 Change 事件。与驱动器列表框一样，在程序运行时，每当改变当前目录，即目录列表框的 Path 属性发生变化时，都要触发其 Change 事件发生。

10.5.3　文件列表框

文件列表框控件 FileListBox 用来显示在 Path 属性指定的文件夹中所选择文件类型的文件列表，文件列表框的基本属性包括 Pattern、FileName、Path 等。

Pattern 属性用来设置在执行时要显示的文件类型，可以在属性窗口设置，也可以在程序代码中设置。设置格式为：

　　＜对象＞．Pattern [=＜值＞]

- 对象为指定的 FileListBox 控件的名称。
- 值是一个用来指定文件类型的字符串表达式，默认情况下为"*.*"，指代所有文件；若指定值为"*.doc"，则表示只显示 Word 文件，以此类推。

Path 属性返回或设置当前路径，用于显示指定目录下的文件。不能在属性窗口设置，只能在程序中设置。设置格式为：

　　＜对象＞．Path [=路径]

- 对象为指定的 FileListBox 控件的名称。
- 路径为指定的当前目录字符串（如"C:\Microsoft Office\"）。

FileName 属性用来返回或设置所选文件的路径和文件名（即带路径的文件名）。不能在属性窗口设置，只能在程序中进行设置，或者在程序运行时双击列表框中某项来改变。设置格式为：

　　＜对象＞．FileName [=＜带路径的文件名＞]

- 对象为指定的 FileListBox 控件的名称。
- 带路径的文件名是包含指定文件路径和文件名的字符串（如"C:\Winnt\Calc.exe"）。

10.5.4　三种文件系统列表框协同工作示例

根据程序需要，在窗体上可以单独使用上述三种文件系统控件，也可将驱动器列表框、目录列表框和文件列表框组合使用。这三种文件系统控件在设计之初是相互独立的，要组合运用此三种控件必须在程序中编写驱动器列表框 Change 事件和目录列表框 Change 事件代码。

【例 10-6】驱动器列表框、目录列表框及文件列表框协同工作按某种文件类型显示文件列表。

（1）新建一个窗体，设置 Caption 属性为"文件系统控件示例"。

（2）在窗体中添加控件，包括标签 Label1、文本框 Text1、驱动器列表框 Drive1、目录列表框 Dir1、文件列表框 File1 和两个命令按钮。

程序代码如下：

```
Private Sub CmdList_Click( )        '单击按钮显示当前目录下文本框 Text1 所示类型的文件列表
    File1. Pattern=Text1. Text
End Sub
Private Sub Drive1_Change( )        '设置目录列表框与驱动器列表框同步
    Dir1. Path= Drive1. Drive
End Sub
Private Sub Dir1_Change( )          '设置文件列表框路径为目录列表框路径
    File1. Path= Dir1. Path
    File1. FileName= "*.*"
End Sub
Private Sub CmdExit_Click( )
    Unload Me
End Sub
```

当程序运行时，在文本框中输入文件类型（例如*.txt），选择驱动器及目录，单击"显示"按钮将显示所有该目录下的 txt 文件，如图 10-3 所示。

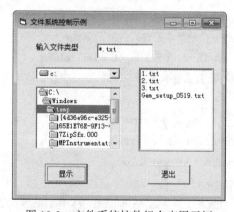

图 10-3　文件系统控件组合应用示例

习题十

一、选择题

1. 下列关于顺序文件的叙述中，错误的是（　　）。

　　A）对于顺序文件中的数据操作只能按顺序执行

　　B）顺序文件中的每条记录的长度必须相同

C）不能同时对打开的顺序文件进行读/写操作

D）顺序文件中的数据是以文本格式（ASCII 码）存储的

2．下列关于随机文件的叙述中，错误的是（   ）。

    A）随机文件由记录组成，并按记录号引用各条记录

    B）可以按顺序访问随机文件中的记录

    C）可以同时对打开的随机文件进行读/写操作

    D）随机文件的内容可用 Windows 的"记事本"程序显示

3．如果在 C 盘根目录下已存在顺序文件 Myfile1.txt，那么执行语句

Open "C:\Myfile1.txt" For Append As #1

之后将（   ）。

    A）删除文件中原有内容

    B）保留文件中原有内容，可在文件尾添加新内容

    C）保留文件中原有内容，可在文件头开始添加新内容

    D）可在文件头开始读取数据

4．Visual Basic 中删除文件的命令是（   ）。

    A）Delete   B）Remove   C）Kill   D）Erase

5．以下（   ）方式打开的文件只能读不能写。

    A）Input   B）Output   C）Random   D）Append

6．下列（   ）命令可实现对随机文件的读操作。

    A）Write   B）Get   C）Input   D）Put

7．在窗体上画一个名称为 Drive1 的驱动器列表框，一个名称为 Dir1 的目录列表框。在改变当前驱动器时，目录列表框应该与之同步改变。设置两个控件同步的命令放在一个事件过程中，这个事件过程是（   ）。

    A）Drive1_Change   B）Drive1_Click   C）Dir1_Click   D）Dir1_Change

8．要将文件"E:\Cj2.txt"移动到文件夹"E:\Temp"下，文件名改为"Newcj.txt"，采用的 VB 语句是（   ）。

    A）FileCopy "E:\Cj2.txt","E:\Temp\ Newcj.txt"

    B）Name "E:\Cj2.txt" As "E:\Temp\ Newcj.txt"

    C）Name "E:\Temp\ Newcj.txt" As "E:\ Cj2.txt"

    D）FileCopy "E:\Temp\ Newcj.txt","E:\Cj2.txt"

9．在文件列表框中，用于设置和返回所选文件的路径和文件名的属性是（   ）。

    A）File   B）FilePath   C）Path   D）FileName

10．在 Visual Basic 中，按文件访问方式的不同可将文件分为（   ）。

    A）文本文件和数据文件

    B）数据文件和可执行文件

    C）顺序文件、随机文件和二进制文件

    D）数据文件和二进制文件

11．当前文件夹下有一个顺序文件 Myfile2.txt，它是执行以下程序代码后生成的

```
Open "Myfile2.txt" For Output As #1
For K=1 To 5
    If K<4 Then Write #1,k
```

```
    Next k
    Close #1
```

当采用 Windows 的"记事本"打开该文件时，显示的结果是（　　）。

A）1	B）1	C）2	D）2
2	1	3	3
3	2	4	3

12. 打开第 11 题生成的顺序文件 Myfile2.txt，读取文件中的所有数据，并将数据直接显示在窗体上。完成下列程序段：

```
    f="Myfile2.txt"
    Open ___(1)___ For Input As #1
    Do While ___(2)___
        Input #1，x
        Print x
    Loop
    Close #1
```

（1）A）"f.txt"　　　B）"f"& ".txt"　　　C）f.txt　　　D）f& ".txt"

（2）A）True　　　B）False　　　C）EOF(1)　　　D）Not EOF(1)

二、填空题

1. 从已经打开的顺序文件中读取数据，可以使用语句：

_____　'读一个数据项到变量

_____　'读一行数据

_____　'读取指定数目的字符

2. EOF(#文件号)函数的返回值可以为_____，其用途是用于_____。

3. 随机文件使用_____语句读数据，使用_____语句写数据。

4. 在当前文件夹下建立一个顺序文件 Myfile3.txt，然后写入 5 名学生的学号及手机号。

```
    Private Sub Form_Load( )
        _____ As #1
        For k=1 To 5
        StNo = InputBox("学号：")
        StMb = InputBox("手机号：")
        _____
    Next k
        _____
    End Sub
```

三、编程题

1. 建立如图 10-4 所示的医生管理系统，要求系统能录入和查询医生数据。

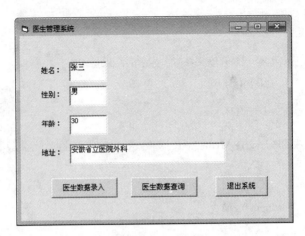

图 10-4　运行结果

2. 单击如图 10-5 所示的"显示"按钮要求显示当前目录下某类型文件列表。

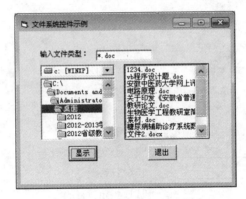

图 10-5　运行结果

11

高级 Office 应用

学习目标：
- 了解 VBA 的基本特点
- 了解 VBA 在高级 Office 中的应用

11.1 VBA 是什么

11.1.1 概述

20 世纪 90 年代早期，为了实现办公软件的自动化，微软开发了一种应用程序共享通用的自动化语言——Visual Basic For Application（VBA）。可以认为 VBA 是非常流行的应用程序开发语言 Visual Basic 的子集。实际上 VBA 是"寄生于" VB 应用程序的版本。VBA 和 VB 的区别包括如下几个方面：

（1）VB 设计用于创建标准的应用程序，而 VBA 是使已有的应用程序（Excel 等）自动化。

（2）VB 具有自己的开发环境，而 VBA 必须寄生于已有的应用程序。

（3）要运行 VB 开发的应用程序，用户不必安装 VB，因为 VB 开发出的应用程序是可执行文件（*.EXE），而 VBA 开发的程序必须依赖于它的"父"应用程序，例如 Excel。

尽管存在这些不同，VBA 和 VB 在结构上仍然十分相似。事实上，如果你已经了解了 VB，会发现学习 VBA 非常快。相应的，学完 VBA 会给学习 VB 打下坚实的基础，而且，当学会在 Excel 中用 VBA 创建解决方案后，即已具备在 Word、Access、Outlook、PowerPoint 中用 VBA 创建解决方案的大部分知识。

11.1.2 简单的示例

下面通过在 Excel 2010 中的一个简单应用来具体了解 VBA。

1. 录制宏

"宏"，指一系列 Excel 能够执行的 VBA 语句。

以下将要录制的宏非常简单，只是改变单元格颜色。请完成如下步骤：

（1）打开新工作簿，确认其他工作簿已经关闭。选择 A1 单元格。选择"工具"→"宏"→"录制新宏"，如图 11-1 所示。

图 11-1　录制宏

（2）输入"改变背景色"作为宏名替换默认宏名，快捷键设置为"Ctrl+t"，单击"确定"按钮。替换默认宏名主要是便于区别这些宏，如图 11-2 所示。

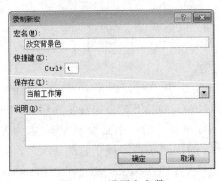

图 11-2　设置宏参数

宏名最多可为 255 个字符，并且必须以字母开始。其中可用的字符包括：字母、数字和下划线。宏名中不允许出现空格，通常用下划线代表空格。

（3）选择"格式"的"单元格"，选择"填充"选项中的红色，单击"确定"按钮，如图 11-3 所示。

（4）单击"工具"→"宏"→"停止录制"，结束宏录制过程。

录制完一个宏后就可以执行它了。

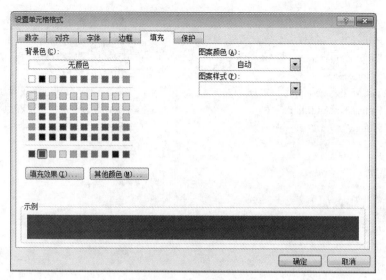

图 11-3　设置背景色

2.　执行宏

要执行刚才录制的宏，可以按以下步骤进行：

（1）选择任何一个单元格，比如 B3。

（2）按 Ctrl+t 快捷键。

（3）选择任何区域，比如 C5:D9。

（4）按 Ctrl+t 快捷键，结果如图 11-4 所示。

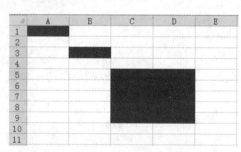

图 11-4　运行宏

3.　查看代码

选择"工具"→"宏"→"宏"，显示"宏"对话框。选择列表中的"改变背景色"，单击"编辑"按钮。

此时，会打开 VBA 的编辑器窗口（VBE）。代码如下：

```
Sub 改变背景色()
'
' 改变背景色 宏
'
' 快捷键: Ctrl+t
'
```

宏的名称
注释（共 5 行）

<table>
<tr><td>

```
            With Selection.Interior
                .Pattern = xlSolid
                .PatternColorIndex = xlAutomatic
                .Color = 255
                .TintAndShade = 0
                .PatternTintAndShade = 0
            End With
        End Sub
```

</td><td>

With 结构语句，Selection 代表选定
区域的内部图案，xlSolid 表示纯色
内部图案底纹颜色为自动配色
内部设为红色
取消图形的颜色变浅或加深
取消图案的颜色变浅或加深
宏结束

</td></tr>
</table>

4. 编辑代码

编辑刚才的代码，如下：

```
Sub 改变背景色()
'
' 改变背景色 宏
'
' 快捷键: Ctrl+t
'

    With Selection.Interior

        If .Color = 255 Then
            .Color = 12611584
        Else
            .Color = 255
        End If
    End With
End Sub
```

完成后，在工作表中试验一下。你会发现持续按 Ctrl+t 快捷键会在红色和蓝色之间切换颜色。

5. 将宏指定给按钮

即使通过快捷键可以使宏的执行变快，但是一旦宏的数量多了也会难于记忆，而且，如果宏是由其他人来使用，难道你要他们也记住那么多的快捷键吗？

作为 Excel 开发者，一个主要的目标是为自动化提供一个易于操作的界面。"按钮"是最常见的界面组成元素之一。通过使用"窗体"工具栏，可以为工作簿中的工作表添加按钮。在创建完一个按钮后，可以为它指定宏，然后你的用户就可以通过单击按钮来执行宏。下面将创建一个按钮，并为它指定一个宏，然后用该按钮来执行宏。具体步骤如下：

（1）打开工作簿。单击"工具"→"Excel 选项"，打开如图 11-5 所示的"Excel 选项"对话框。

（2）在自定义功能区，在"主选项卡→菜单"下新建"宏"，然后添加"宏"：改变背景色。

（3）单击"确定"按钮后，在工具栏出现宏所对应的按钮，如图 11-6 所示。

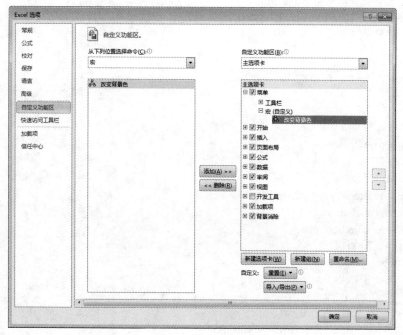

图 11-5 设置对应宏的按钮

图 11-6 对应宏的按钮

11.2 程序举例

【例 11-1】在 Excel 2010 中实现按列排序。

设有如图 11-7 所示的电子表。

	A	B	C	D
1	准考证号	姓名	性别	成绩
2	11324000101	陈勇	男	37
3	11324000102	代奎	男	52
4	11324000103	郝明明	男	55
5	11324000104	金巧云	女	48
6	11324000105	李翠玲	女	48
7	11324000106	刘闯	男	54
8	11324000107	刘玉	男	39
9	11324000108	孟磊	男	47
10	11324000109	倪有花	女	46
11	11324000110	任良马	男	49
12	11324000111	宋心锁	男	51
13	11324000112	孙保奇	男	42
14	11324000113	王敏	女	52
15	11324000114	徐医学	男	44
16	11324000115	张大伟	男	51
17	11324000116	张凡	男	55
18	11324000117	张旭	男	19
19	11324000118	章永键	男	52
20	11324000119	郑赵	男	48

图 11-7 排序前的数据

请按成绩排序，排序后其他相关列也跟随移动。数据表中实际数据是 19 行 4 列，成绩数据在第 4 列。

编写宏代码如下所示：

```
Sub 排序()
'
' 排序 宏
'
' 快捷键: Ctrl+k
'

    Dim i As Integer, j As Integer, k As Integer
    Dim t As Variant
    With Worksheets("sheet1")
    For i = 2 To 19                              选择排序
        For j = i + 1 To 20
            If .Cells(i, 4) > .Cells(j, 4) Then
                For k = 1 To 4                    4列数据同步交换
                    t = .Cells(i, k)
                    .Cells(i, k) = .Cells(j, k)
                    .Cells(j, k) = t
                Next
            End If
        Next
    Next
    End With
End Sub
```

按快捷键 Ctrl+k，数据排序结果如图 11-8 所示。

	A	B	C	D
1	准考证号	姓名	性别	成绩
2	11324000117	张旭	男	19
3	11324000101	陈勇	男	37
4	11324000107	刘玉	男	39
5	11324000112	孙保奇	男	42
6	11324000114	徐医学	男	44
7	11324000109	倪有花	女	46
8	11324000108	孟磊	男	47
9	11324000104	金巧云	女	48
10	11324000105	李翠玲	女	48
11	11324000119	郑赵	男	48
12	11324000110	任良马	男	49
13	11324000111	宋心锁	男	51
14	11324000115	张大伟	男	51
15	11324000102	代奎	男	52
16	11324000118	章永键	男	52
17	11324000113	王敏	女	52
18	11324000106	刘闯	男	54
19	11324000116	张凡	男	55
20	11324000103	郝明明	男	55

图 11-8 排序后的数据

【例 11-2】利用 VBA 计算求平均分。

步骤如下：

（1）打开前面的成绩表工作薄，新建宏"求平均分"，如图 11-9 所示。

编辑宏代码如下：

```
Sub 求平均分()
    Range("D21").Value = "=average(D2:D20)"
End Sub
```

图 11-9 新建宏"求平均分"

（2）插入控件，选择"按钮"，如图 11-10 所示。

图 11-10 插入控件"按钮"

（3）指定宏"求平均分"，如图 11-11 所示。

图 11-11 将按钮指定宏"求平均分"

（4）右击修改按钮文字为"求平均分"，单击按钮，运行宏，结果如图 11-12 所示。

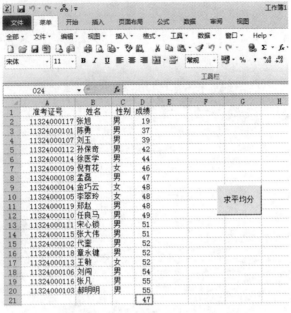

图 11-12   单击按钮后的运行结果

习题十一

简答题

1．VBA 和 VB 的关系是什么？

2．在 Excel 2010 中，编写宏，实现多项成绩的求和。

3．尝试在 Word 2010 和 PowerPoint 2010 中录制宏并参考编写宏。

附录 A 常用字符与 ASCII 码对照表

ASCII 值	十六进制	字符	ASCII 值	十六进制	字符	ASCII 值	十六进制	字符
32	20	空格	64	40	@	96	60	`
33	21	!	65	41	A	97	61	a
34	22	"	66	42	B	98	62	b
35	23	#	67	43	C	99	63	c
36	24	$	68	44	D	100	64	d
37	25	%	69	45	E	101	65	e
38	26	&	70	46	F	102	66	f
39	27	'	71	47	G	103	67	g
40	28	(	72	48	H	104	68	h
41	29	)	73	49	I	105	69	i
42	2A	*	74	4A	J	106	6A	j
43	2B	+	75	4B	K	107	6B	k
44	2C	,	76	4C	L	108	6C	l
45	2D	-	77	4D	M	109	6D	m
46	2E	.	78	4E	N	110	6E	n
47	2F	/	79	4F	O	111	6F	o
48	30	0	80	50	P	112	70	p
49	31	1	81	51	Q	113	71	q
50	32	2	82	52	R	114	72	r
51	33	3	83	53	S	115	73	s
52	34	4	84	54	T	116	74	t
53	35	5	85	55	U	117	75	u
54	36	6	86	56	V	118	76	v
55	37	7	87	57	W	119	77	w
56	38	8	88	58	X	120	78	x
57	39	9	89	59	Y	121	79	y
58	3A	:	90	5A	Z	122	7A	z
59	3B	;	91	5B	[	123	7B	{
60	3C	<	92	5C	\	124	7C		
61	3D	=	93	5D	]	125	7D	}
62	3E	>	94	5E	^	126	7E	~
63	3F	?	95	5F	_	127	7F	DEL

说明：0～31 之间的 ASCII 码是计算机使用的控制字符，不能直接显示，在此省略。

附录 B　考试指南

考生备考全国高校（安徽考区）计算机水平考试二级 Visual Basic 语言考试时要注重对基本概念和知识点的理解，最好经常进行针对性的上机练习，特别是对于历年的真题的研究有助于把握学习的方向。复习时以大纲为主，对大纲之外的知识点也可以适当学习一点，这样可以反过来促进时大纲知识的学习。

一、题型分析

1. 单选题（机试）

共 40 题，前 5 题考查基本的计算机基础知识，计算机基础知识包括计算机的历史与发展、计算机的基本工作原理、二进制、计算机的基本组成、Windows 基本操作、网络的基本知识、病毒的防护、计算机的应用领域等。其余的试题全面考查对 VB 语言的各个知识点的掌握。其中 Visual Basic 程序设计语言基础、程序控制结构、用户界面设计、数组、过程、菜单设计等是重点。

2. 程序改错题（机试）

一般有 2 个程序，每个程序有 3 个错。改错题相对比较容易，有的地方错误明显，可参考前后代码修改。由于是上机考试，可以反复调试运行。程序改错题偏重程序的结构、语法和算法。

题目样式如下：

以下程序的功能是将 5 个整数从小到大排序。

```vb
Private Sub Form_Click()
    Cls
    Dim t As Integer, i As Integer, j As Integer, k As Integer
    Dim a(5) As Integer
    For i = 1 To 5
        a(i) = Int(Rnd() * 100)
        Print a(i); " ";
    Next i
    Print
    For i = 1 To 4
        k = i
        For j = i - 1 To 5                    '* ERROR *
            If a(k) <a(j) Then k = j          '* ERROR *
        Next j
        If k = i Then                         '* ERROR *
            t = a(i)
            a(i) = a(k)
```

```
        a(k) = t
      End If
    Next i
    For i = 1 To 5
      Print a(i); " ";
    Next
End Sub
```

3. Windows 操作题（机试）

1 大题，5 个小题。主要是考查 Windows 环境下的基本文件操作，包括文件的改名、复制和移动等。这些操作做过几套模拟题即可，主要是考试时要细心，特别是扩展名是否显示的问题需要注意。Windows 操作题偏重文件的基本操作。

题目样式如下：

请在考生文件夹中进行以下操作：

（1）将文件夹 yellow 下的文件 green.jpg 改名为 feel.jpg；

（2）将文件夹 color 下的文件 blue.bmp 删除；

（3）将文件夹 office 下的子文件夹 theword 删除；

（4）在文件夹 red 下建立一个新文件夹 theexcel；

（5）将文件夹 yellow 下的文档 number.xls 复制到文件夹 theexcel 中。

4. 综合应用题（机试）

一般是 2 个程序。在上机考试的环境下，可以努力尝试编写，这一部分需要通过多做模拟题获取相关经验。题目偏向求和、数列等。主要是一些不能口算或通过简单公式就能计算出来的题目。综合应用题偏重用户界面设计。

题目样式如下：

（1）在考生文件夹中，完成以下操作：

1）启动工程文件 Sjt.vbp，将该工程文件的工程名称改为“Spks”，并将该工程中的窗体文件 Sjt.frm 的窗体名称改为“Vbbc”。

2）请在窗体适当位置添加控件：一个文本框 Text1，文本内容为“Visual Basic”，居中显示；一个标签 Label1，标题为“字体”且自动调整大小；一个组合框 Combo1；两个单选按钮，标题分别为“红色”“蓝色”。

3）在窗体 Load 事件中编写代码，为组合框添加三个选项：“红色”“黑色”“蓝色”，且默认选项为“红色”；程序运行时，选中组合框某项，相应改变文本框中的字体的颜色；选中“颜色”框架中的某个单选按钮，相应改变文本框背景的颜色。

4）请调试、运行，然后将工程、窗体保存。

（2）在考生文件夹中建立一个名称为“Vbcd”的工程文件 Menu1.vbp，并在工程中建立一个名称为“Menu1”的菜单窗体文件 Menu1.frm，要求：

（1）菜单格式与内容如下：

设置(S)	窗口(W)
√字体	拆分
颜色	放大

—————— 缩小

退出（Ctrl+X）

其中，括号内的字符为热键；分隔条的名称为 FGT，其他菜单与子菜单的名称与标题相同，但不含热键；√：复选标记；Ctrl+X：设置为快捷键。

（2）将考生文件夹下的窗体文件 Sjt.frm 添加进该工程。

（3）除"字体"菜单项的 Click()事件调用 Sjt.frm 窗体，"退出"菜单项的 Click()事件执行 End 语句，其他菜单和子菜单不执行任何操作。

（4）调试运行并生成可执行程序 Menu1.exe。

5. 程序填空题（笔试）

一般有 3 个程序，每个程序有 3 个空，每空 4 分，共 36 分。主要考查对程序的阅读和分析能力，能够根据题目给出的语句找到设计思路，平时多做多看往往更容易完成这些题目。程序填空题偏重对象和程序的基本概念。

题目样式如下：

窗体上有一个命令按钮 cmdOK 和一个文本框 txtName，程序运行后，cmdOK 为禁用（灰色）。当向文本框中输入任意字符时，命令按钮 cmdOK 变为可用。

```
Private Sub Form_Load()
    cmdOK.Enabled =_____1_____
End Sub
Private Sub txtName____2____()
_____3_____
End Sub
```

6. 阅读程序题（笔试）

一般 4 题，有明显的难易梯度，考试时首先认真做好前 3 题，争取 3 题全部做对，后面的 1 题视具体情况考虑是否立即去做，可以等做完程序设计题后再回头来做。阅读程序题偏重程序的基本结构。

题目样式如下：

执行以下程序后，输出的结果是_____。

```
Private Sub Form_Load( )
    Dim s As Integer, i As Integer
    s = 0: i = 1
    Do While i <=100
        s = s + i
        i = i + 1
    Loop
    Print "s="; s, "i="; i
End Sub
```

7. 程序设计题（笔试）

一般有 2 个程序，具有较大的难度，但并非高不可攀。一般第一题比较简单，可以先完成，做后面一题时必须仔细理解题目并结合平时所学努力参考平时的程序来完成题目。程序设计题偏重程序综合设计能力。

题目样式如下：

请编写命令按钮 cmdOK 的 Click 事件过程，统计 1～100 之间的素数个数并输出。

所以，在考试前集中力量熟练掌握有代表性的一定数量的程序尤其重要，平时上机时注意在理解程序的基础上调试程序往往是笔试中编程题发挥好坏的关键。

二、考前准备

全国高校（安徽考区）计算机水平考试二级 Visual Basic 语言上机考试具有明显的考试特点，考生尤其要注意，经常出现平时成绩不错的考生上机成绩不是很满意的情况，实际上主要是考前认识和准备不足。

首先上机考试前要多做模拟考试题。每次正式考试前一个月，考试办向各考点发放模拟考试软件，其中也包括有代表性的多套模拟考试题，这些题目的练习非常重要。目前，由于试题库系统的开发完成，本教材提供了题库及练习系统，对于考生的备考具有极大的参考价值，其中某些题目或与之相似的题目很有可能在正式考试中出现。

上机考试中要小心，不要疏忽大意。要注意存盘（Windows 操作系统题不存在保存的问题），编程题需要编译运行。交卷后可以再次进入考试系统做题，称为"续考"，需要监考老师来操作输入登录密码。做题的时候注意时间的控制。

出现重大失误，造成考试文件丢失的情况，可以从备份文件夹中恢复重新做题。

上机考试是否顺利还与机器密切相关，如果键盘、鼠标很不好用，请举手联系监考老师，要求老师帮助解决。由于网络的原因，每次考试开始抽题可能需要时间，考生应该耐心等待。机器发生突然重新启动和死机的情况应立即请示老师重新启动机器然后续考,续考前的机器启动时间不计入考试时间。

本教材也配套相应的模拟考试系统，界面虽然不同，考试的方式和题目是差不多的。软件如有更改，将会在http://www.yataoo.com网站上及时发布，或者联系作者：yataoo@126.com。